旺苍米仓山地区地质实习教程

范存辉　杨西燕　主编

科学出版社

北　京

内 容 简 介

本书重点介绍旺苍米仓山地区的野外地质实习教学内容及方法，涉及普通地质学、地质学基础、古生物学与地层学、沉积岩与沉积相、构造地质学等地质知识，内容涵盖野外基本工作技能与方法、岩石的野外观察与鉴定、野外和部分室内图件的绘制步骤与格式、实习报告的编写内容与要求等地质基础技能与方法。此外，对米仓山地区地理与区域地质情况也进行了系统介绍。

本书既可作为资源勘查工程、地质学、工程地质、石油工程等地质相关专业学生的野外地质实习指导书，也可以作为旺苍米仓山地区地质剖面参观考察的指南。

图书在版编目(CIP)数据

旺苍米仓山地区地质实习教程 / 范存辉，杨西燕主编.
—北京：科学出版社，2015.12
 ISBN 978-7-03-046578-8

Ⅰ.①旺…　Ⅱ.①范…　②杨…　Ⅲ.①区域地质调查–教育实习–旺苍县–教材　Ⅳ.①P562.714–45

中国版本图书馆 CIP 数据核字 (2015) 第 288808 号

责任编辑：张　展　罗　莉／责任校对：陈　靖
责任印制：余少力／封面设计：墨创文化

科 学 出 版 社 出版

北京东黄城根北街16号
邮政编码：100717
http://www.sciencep.com

四川煤田地质制图印刷厂印刷
科学出版社发行　各地新华书店经销
*

2016 年 1 月第　一　版　　开本：787×1092 1/16
2016 年 1 月第一次印刷　　印张：7
字数：166 千字
定价：19.00 元

前　言

旺苍米仓山地区具有地质资源丰富、研究历史悠久和研究程度高的特色和优势，并以特有的地质、地形条件成为地质学研究、实习与考察的重要场所。现今，米仓山地区被作为西南石油大学、西安石油大学、西华师范大学等高校的重要地质及地理实习基地。

米仓山自然保护区地理位置特殊，既是南北气候带的分界岭，又是东西植物区系的交汇处，其特殊的地质、地貌特征和丰富多样的自然生态系统，具有较高的科普科考及观赏价值。

其中最典型的峰丛分布在四川旺苍和南江县接界一带，也就是米仓山中部。山中多数山体为圆锥状的石灰岩和白云岩峰丛地貌景观，站在山体南麓北望，一列列囤围般的山峰高耸入云。构成米仓山岩层主体的是花岗岩、变质砂岩、石灰岩和白云岩。

旺苍米仓山地区 20 世纪 80 年代开始即为西南石油大学（原西南石油学院）地质实习基地，主要开展的是资源勘查工程、石油工程、土木工程等专业的地质实习，资源勘查专业的沉积相实习也曾经在此进行。该地区还常作为相关行业地质考察的重点选择地。

为满足实习和考察的需要，西南石油大学曾经自编了《旺苍地区地质认识实习》教材。本书以《旺苍地区地质认识实习》为基础，经多名教师历年教学实践与总结，并参照近年来相关行业标准等编写而成。

全书由以下几部分组成：旺苍米仓山地区地理、区域地质概况（第一章、第二章）；旺苍米仓山地区地质实习与考察剖面（第三章）；野外基本地质工作技能与方法（第四章）；室内图件的绘制与地质实习报告的编写（第五章）；常用图例及有关参数与分类表格等（附录）。

本书由西南石油大学地球科学与技术学院范存辉、杨西燕主编。具体分工为杨西燕编写第一、二章和第三章第六、七、十节；范存辉编写第四、五章和第三章第一、二、三、四、五、八节和第九节。编写图件清绘工作由研究生卢丹阳、刘志毅、毛凯兰及王瀚等完成；书中照片由西南石油大学苏培东、陈晓慧、连承波、冯明友、夏青松、何江、曾德铭等老师提供。本教程撰写过程中得到了成都理工大学能源学院张哨楠教授，西南石油大学地球科学与技术学院陈晓慧副教授、苏培东教授的帮助与指导，他们承担了本教程的审稿工作，保证了本教程的出版质量，在此一并表示感谢。

本书的出版得到了西南石油大学地球科学与技术学院领导、专家和西南石油大学教务处、地球科学与技术学院基础地质教研室领导的支持。在此，表示感谢！

　　书中错误和不当之处，衷心希望读者不吝赐正。

2015 年 9 月

目　　录

第一章　米仓山地区自然经济及地理概况

米仓山位于四川省北部，北邻陕西省，为我国南北自然分界线——秦岭至大巴山的重要组成部分，汉江、嘉陵江的分水岭。

米仓山自然保护区地处米仓山—大巴山山脉西段南坡，四川盆地北部广元市旺苍县境的东北部，北接陕西甘肃黎坪国家森林公园，西临广元元坝，南接苍溪、阆中。地理位置为东经 $106°24'\sim106°39'$，北纬 $32°29'\sim32°41'$。在行政区域上包括鼓城乡北部的古城村、金竹村、跃进村、关口村等 4 个村和檬子乡的柏杨村、店坪村 2 个村，总面积 $2.34\times10^8 m^2$。

成都至旺苍米仓山交通便利(图 1-1)。广巴铁路线经停广元旺苍，从成都走高速可直达旺苍，从旺苍县城到米仓山自然保护区属于山路，路况较好。

在四川省地貌划分上，米仓山属中山山地。米仓山自然保护区境内，北面、西面高，南部低，北部和西部山岭海拔 2000m 左右，最高峰位于东北角的城墙岩主峰，海拔 2281m，也是旺苍县境内的最高峰，西部边界的光头山海拔 2276m，为第二高峰。宽滩河与其支流洞子沟的汇合处海拔 570m，是区内的最低点。区内相对高差 1711m。区内以亚热带与温带交汇地带的森林生态系统为主要保护对象，有陡崖、峡谷、溶洞，地貌十分丰富。2006 年 4 月 5 日，米仓山经国务院批准列为国家级自然保护区。

旺苍米仓山地区为典型的山地亚热带湿润气候，冬冷夏凉，降雨适中，夏季常爆发山洪。秋季漫山红叶，美不胜收，是有名的赏红叶胜地。鼓城乡干河坝的年平均气温为 13.5℃。属北亚热带。

米仓山自然保护区有维管束植物 195 科 949 属 2597 种，其中蕨类植物 32 科 75 属 213 种；裸子植物 8 科 21 属 43 种；被子植物 155 科 853 属 2341 种。植物科占全国植物科的 55.24%，属占全国植物属的 29.86%，种占全国植物种的 9.57%。据统计，保护区内属于《中国植物红皮书》和第一批国家重点保护名单、1997 年国家林业局和农业部拟订的《中国重点野生植物名录》、1999 年 8 月 4 日国务院公布的《国家重点保护野生植物名录(第一批)》的物种

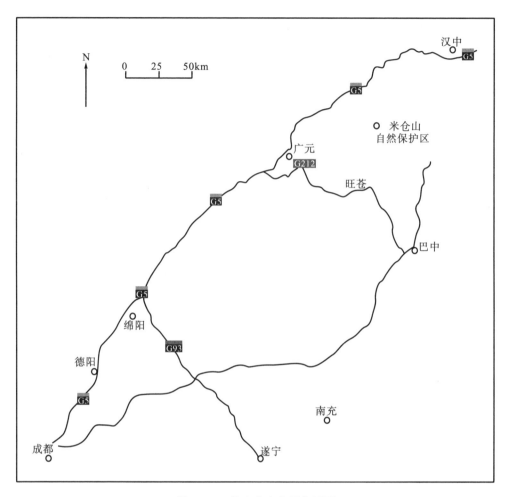

图 1-1　旺苍米仓山交通位置图

(不重复统计)有 100 余种，约占保护区维管束植物的 4.62%。其中 1999 年 8 月 4 口国务院公布的《国家重点保护野生植物名录(第一批)》的物种有国家 I 级重点保护野生植物红豆杉、南方红豆杉、银杏、独叶草 4 种，属国家 II 级重点保护的野生植物有台湾水青冈、巴山榧、香果树等 10 种，保护植物占总保护植物的 5.09%。由于保护区所处位置的特殊性，这些植物生存环境稳定，生长良好。在植物资源中，特别是大面积的水青冈属植物的发现，引起了四川植物界与野生动植物保护部门的高度重视。保护区还蕴藏有十分丰富的中药材资源，可直接利用的药用植物主要有党参、泡参、天麻、桔梗、柴胡、半夏、杜仲、黄檗、五味子、南五味子、淫羊藿等多种；可用于生产新药的药源植物有石杉、八角莲等。

保护区独特的地形地貌和优越的自然生境条件，大面积保存完好的原始森林，为野生动物提供了良好的栖息环境，孕育了丰富的野生动物资源。据统计，保护区内有鱼类 6 目 13 科 51 属 70 种，占四川省鱼类种数的 28.69%；两栖类 2 目 9 科 18 属 32 种，占全省两栖动物种数的 28.83%；爬行类 2 目 8 科 20 属 31 种，占全省爬行类动物种数的 36.90%；鸟类 17 目 93 科 173 属 241 种，占全省鸟类种数的 39.19%，且我国特有鸟类较多，占全国特有种数的 14.29%；哺乳类 7 目 24 科 67 属 88 种，占全省哺乳类动物种数的 40.37%。共有脊椎动物 34 目 147 科 329 属 462 种。在保护区 462 种脊椎动物中，属于国家Ⅰ级重点保护的野生动物有豹、云豹、林麝、扭角羚、金雕等五种；属国家Ⅱ级重点保护的野生动物有大鲵、豺、红腹角雉、藏酋猴等 39 种；国家保护的有益或者有重要经济、科研价值的动物如毛冠鹿、豹猫等 161 种。猕猴、大鲵、黑熊等在保护区较为常见。保护区内分布的国家重点保护的野生动物占四川省分布的国家重点保护野生动物的 29.93%。

米仓山自然保护区自然景观和人文景观等旅游资源丰富。在自然景观旅游资源中尤以地景，即地质景观、山景、洞景、峡景、崖景等最突出。区内刘家岩到关口垭的岩浆岩与古生代地层的分界线，界线清晰，是研究米仓山地质演变的重要标志。矗立在保护区东北部的东、西鼓城山，有如两个巨鼓，形象逼真，规模巨大，在国内外岩溶山地中也实属罕见，是保护区标志性景观。此外，景物各异的洞景、色彩随季节变化的崖景、风光秀丽的峡景等，以及河景、瀑布景观、生物景观等自然资源多姿多彩；而古遗址、古驿道以及独具风貌的民居等丰富多样的人文景观，既有生态、观光、休闲旅游的功能，又有科学考察和科学普及教育功能。西南石油大学实习基地驻地就建设在米仓山自然保护区内。

第二章　米仓山地区地质概况

第一节　岩　　石

　　旺苍米仓山地区岩石类型多，特征典型。岩浆岩、沉积岩和变质岩都有出露。岩浆岩类型丰富，花岗岩、闪长岩、辉长岩、辉绿岩、辉石岩等均有出露；变质岩类型也较多，包括混合岩、大理岩、片岩、片麻岩等；沉积岩类型齐全，砾岩和角砾岩、粗—中—细砂岩、粉砂岩、黏土岩（泥岩、页岩）、石灰岩和白云岩等均有发育。

一、岩浆岩

　　实习区出露的岩浆岩主要为侵入岩，以英萃、檬子乡一带分布最广泛。岩体多以岩脉（墙）的形式产出，少数以岩株形式产出。

　　区内出露的侵入岩主要为中酸性岩类的闪长岩、花岗岩、花岗斑岩、似斑状花岗岩，及少量花岗伟晶岩及基性辉长岩、辉绿岩等。现将常见岩浆岩特征分述如下：

　　(1)花岗岩：肉红色，主要由石英、正长石和斜长石组成，含少量黑云母、角闪石。石英含量大于20%，中—细粒结构，块状构造。

　　(2)似斑状花岗岩：肉红色为主，风化后显褐绿色。主要由石英、长石组成，含少量黑云母、角闪石。似斑状结构，斑晶多为长石，基质由中粒石英长石及其他矿物组成，块状构造。

　　(3)闪长岩：浅灰色，主要由角闪石和斜长石组成，含少量辉石等次要矿物，中粗粒等粒结构，块状构造。

　　(4)辉长岩：灰黑色、暗绿色，主要由斜长石和辉石组成，含少量角闪石。中细粒等粒结构，块状构造。

(5)辉石岩：暗绿黑色，成分主要为辉石，无石英及长石。中粗粒等粒结构，块状构造。

二、变质岩

区内变质岩主要分布在正源—英萃一带、关口垭的元古界火地垭群地层中。出露最广的是浅变质岩，在侵入岩与围岩的接触带部位可见深变质岩，分布局限。常见出露的变质岩有板岩、片岩、片麻岩、大理岩及混合岩等，是接触变质作用或区域变质作用形成的。

(1)黑云母石英片岩：深灰黑色，片状构造、鳞片变晶结构。主要变晶矿物为呈片状的黑云母、绿泥石，柱状的角闪石和粒状的石英、长石等。

(2)片麻岩：浅灰色，片麻状构造，花岗变晶或粒状变晶结构。主要变晶矿物为长石、石英、云母、角闪石、辉石等。

(3)大理岩：浅肉红、白色，块状构造，等粒变晶结构。主要变晶矿物是方解石。

(4)脉状、眼球状混合岩：灰色、褐灰色，条带状、肠状、眼球状构造，花岗变晶结构。其成分由基体和脉体两部分组成。基体为含黑云母角闪石的变质岩，脉体为石英质、长石质或长英质的矿物。

三、沉积岩

实习区内，碎屑岩、黏土岩、碳酸盐岩均有广泛出露，且种类繁多，易于观察。

1. 碎屑岩

(1)砾岩：黑灰色，厚层状，层位稳定。砾石成分较单一，主要为燧石和少量石英岩、石英砂岩等稳定组分，含量95％以上。砾石大小不等，一般粒径5～15mm。分选中等，次圆—圆状。填充物少，主要为中细石英砂，含量不到5％。硅质胶结，含量小于10％。孔隙胶结，胶结紧密。

(2)细粒岩屑石英砂岩：浅灰色厚层状，细粒结构，碎屑成分主要为石英

（85％以上），其次为岩屑及大量长石、白云母。岩屑主要为黑色砾石岩屑，次为浅绿色岩屑，总计含量10％~15％。长石略显柱状，多风化为白色黏土。白云母呈细鳞片状。岩石中碎屑分选性较好，次圆—次棱角状，硅质胶结，胶结紧密。

（3）石英砂岩：灰白色，风化后局部呈黄褐色。中层状，层内波状纹层发育。碎屑颗粒几乎全由石英组成，中细结构，颗粒界限不清。硅质胶结，胶结紧密。

（4）中粒岩屑石英砂岩：灰色，中厚层，单层厚30~40cm，中粒结构。碎屑颗粒主要为石英和硅质岩屑，含少量长石。石英含量70％左右，岩屑含量大于25％。此外，岩石中还见少量呈散状黄褐色铁质物斑点。碎屑颗粒分选性较好，次圆状，硅质胶结，胶结紧密。

（5）灰色薄层钙质粉砂岩：灰色，风化后呈黄褐色，薄层，粉砂结构，碎屑以石英为主，含少量白云母，云母多富集层面。岩石断口粗糙，加稀盐酸气泡剧烈，钙质胶结，胶结紧密。

（6）灰紫色粉砂岩：灰紫色，层理不清，粉砂状结构，碎屑以石英为主，白云母富集层面。加稀盐酸起泡不均，主要为钙质和泥质胶结。普遍见铁质浸染，岩石质地较疏松。

2. 黏土岩

（1）黑色页岩：黑色，页理极发育，经风化成碎片剥落，泥质结构。含较多有机质和少量植物碎片，不染手，岩层中偶见黄铁矿结核分布。

（2）黄绿色页岩：黄绿色，层厚2mm左右，页理发育，风化后成细小碎片，泥质结构，略具滑感，手压易成粉末。

（3）褐色含钙粉砂质泥岩：黄褐色，层理不清，具典型粉砂泥质结构，加稀盐酸强烈起泡，球状风化明显。

3. 碳酸盐岩

1）石灰岩

（1）青灰色厚层砾屑灰岩：青灰色，厚层状（单层厚50cm），砾屑结构，砾屑成分全为泥晶方解石，砾屑大小不等，多呈长条状，圆度较好，粒径一一般 5~10cm，含量占 70%。

（2）深灰色中—厚层鲕粒灰岩：深灰色，中—厚层，鲕粒结构，鲕粒一般呈圆—椭圆形，粒径多在 1mm 左右，大小较均匀，个别鲕粒可分辨出核和皮壳来。

（3）褐灰色薄—中层泥灰岩：褐灰色，薄至中层状，泥质泥晶结构，加稀盐酸起泡剧烈，残液有泥质薄膜，裂缝发育，风化后常呈菱形碎块。

2）白云岩

（1）灰色中—厚层状泥质白云岩：灰色，中至厚层状，泥晶结构，加稀盐酸不起泡，风化后呈沙粒状，风化后呈黄灰色，刀砍纹发育。

（2）藻白云岩：白色，厚层状，藻发育，呈纹层状、柱朵状等形态。

第二节　地　　层

本区地层属四川地区大巴山分区、米仓山小区，包括南江、旺苍两县的北部及广元、通江一隅，出露的地层下自元古界，上至中生界，除泥盆系、石炭系完全缺失外，其余地层均有存在（图 2-1、表 2-1）。

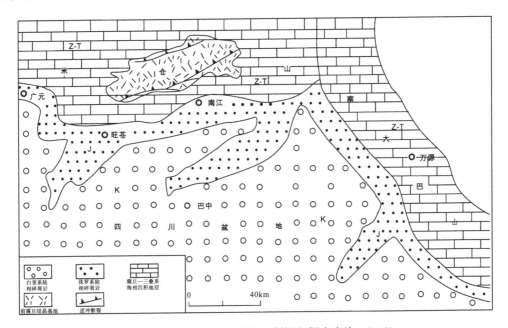

图 2-1　四川北部地区区域地质简图（据李岩峰，2008）

表 2-1　米仓山地区地层简表

界	系	统	组	段	厚度*/m	岩性、构造特征
古生界	二叠系 P	上统	大隆组(P_3d)		34	黑色硅质岩为主，夹页岩、炭质页岩及灰岩。顶部为灰色薄层灰岩，夹硅质条带及透镜体；上部黑色缝合线硅质岩夹薄层—中厚层含泥质条带灰岩；中部深灰色薄层灰岩夹少量黑色沥青质钙质页岩及灰岩透镜体。含腕足、瓣鳃、菊石等
			吴家坪组(P_3w)		30~50	上部灰色中—厚层灰岩，黑色薄层硅质岩、页岩、泥质砂岩，夹煤层。下部深灰色中厚层含沥青质灰岩，夹灰色串珠状硅质岩，底部为含黄铁矿结核的灰白色黏土岩
		中统	茅口组(P_2m)		200~300	深灰色至白色石灰岩，生物碎屑灰岩，含硅质结核；下部石灰岩含泥质，时夹页岩。底部为具角砾状、透镜状夹黑灰色沥青质页岩。含大量生物化石
			栖霞组(P_2q)		100~150	深灰色至灰色灰岩，生物灰岩夹少许页岩，有时夹白云岩。下部灰岩色深，含泥质多；上部灰岩色浅
			梁山组(P_2l)		0.5~30	灰色、灰黑色页岩，铝土质泥岩夹薄层泥灰岩及灰岩，含菱铁矿、黄铁矿'结核
	志留系 S	中统	韩家店组(S_2h)		350~420	灰绿色页岩，粉砂质页岩夹砂岩，条带状、薄层状灰岩及生物灰岩，粉砂岩与细砂岩的互层，局部有礁灰岩。下部有紫红页岩
		下统	小河坝组(S_1x)		189	绿灰色粉砂岩，上部为黄绿色、灰绿色页岩夹生物灰岩薄层或透镜体
			龙马溪组(S_1l)		200~350	下部黑色页岩，富笔石；上部深灰至绿色岩、粉砂质页岩

续表

界	系	统	组	段	厚度*/m	岩性、构造特征
古生界	奥陶系 O	上统	五峰组（O_3w）		1~8.5	黑色页岩，含灰质及硅质；顶部常见泥灰岩
		中统	临湘组（O_2l）			红色瘤状泥质灰岩，同夹钙质页岩；含星散状黄铁矿
			宝塔组/湄潭组（O_2b）		15~40	红色龟纹灰岩，褐灰色细粒钙质岩屑石英砂岩夹深灰色厚层微晶白云岩。底部为黄黄色中粒含砾中粒钙质岩屑粉砂岩
	寒武系 ∈	中统	陡坡寺组（$∈_2d$）	观音庙砂岩及白云岩段（∈ dgsd）	55.81	上部为黄灰色中薄层泥质灰岩，灰质白云岩夹黄色薄层粉砂岩，下部灰色薄层含泥质粉砂岩。见方解石脉
				康家坡页岩段（∈ dksh）	66.41	上部灰紫色薄层灰质泥质粉砂岩夹黄灰色中薄层粉砂质页岩，下部浅黄灰色薄层钙质细砂岩及黄灰色中薄层泥质粉砂岩。底冲刷面
		下统	龙王庙组（$∈_1l$）/石龙洞组（$∈_1s$）		111.98	上部深灰厚层残余亮晶砂屑白云岩，中部深灰色粉屑泥晶白云岩—泥晶白云岩夹灰色中-薄层条带状含泥质粉砂岩，下部深灰色中薄层泥晶白云岩粉砂岩。发育水平虫迹、交错层理
			阎王碥组（$∈_1y$）	砾岩、含砾砂岩段	165.5	上部浅灰色厚层一块状砾岩，上部深褐灰色厚层一块状砾岩。下部褐灰色中一中厚层含砾砂岩等
			沧浪铺组（$∈_1c$）	砂泥岩段	30.91	上部青灰色中层泥岩夹薄层细晶粉砂岩，中部深灰色薄层铁白云石长石砂岩，下部紫红色薄层藻纹灰岩，不对称波痕成波痕。发育小型斜型斜层理
			仙女洞组（$∈_1x$）		121.22	上部浅灰色中层岩夹薄层鲕灰微晶砂屑灰岩，中部灰色块状白云化微晶含鲕砂屑灰岩。泥微晶灰岩夹微晶藻屑灰岩，下部深灰色块状亮晶砂屑灰岩。发育羽状交错层理，大型平行层理，冲洗层理含古杯化石

续表

界	系	统	组	段	厚度*/m	岩性、构造特征	
古生界	寒武系∈	下统	筑竹寺组（∈₁q）	陈家坝砂岩段	197.69	上部灰色中—厚层钙质含泥质屑砂岩、下部深灰色层状泥质粉砂岩夹粉砂质泥岩	含正常浅海化石，如三叶虫、腕足、瓣鳃等
				沙滩页岩段	234.23	上部浅黄色中薄层粉砂岩夹粉砂质泥岩、中部深灰色中—薄层泥质粉砂岩、下部黑色薄层炭质页岩、含粉砂质页岩	
				新家坝粉砂岩段	73.53	上部黄灰色薄板状泥质粉砂岩、偶夹黄灰色薄层页岩、下部灰色夹深灰色薄层泥质粉砂岩	
				马家溪页岩段	25.51	下部黑色中薄层炭质粉砂岩与黑色薄层页岩不等厚互层、下部杂灰色薄层页岩	
元古界	震旦系Z	中统	灯影组（Z₂d）	灯四段	800~876.4	灰色中—厚层凝块状白云岩、藻粘结架岩、泥晶白云岩夹砂屑白云岩、藻纹层白云岩、溶洞、溶沟现象发育、岩溶常见；具波痕、鸟眼状构造	
				灯三段		紫红色薄—中层泥岩、砂岩、灰色中层砂屑、砾屑白云岩、泥晶白云岩、发育双向交错层理、平行层理、波痕、变形构造。层内发育同沉积断层	
				灯二段		灰白色葡萄状白云岩、泥晶白云岩、藻白云岩、微波状层理、水平层理、微波状层理发育。溶洞、溶缝发育	
	前震旦系		火地垭群			浅变质岩为主，并伴有花岗岩、辉绿岩、辉长岩的侵入	

* 表中部分地层厚度引自南江沙滩剖面，部分地层厚度引自双河剖面，其他剖面厚度存在一定变化。

元古界浅变质岩、火成岩处于小区北部，正源—英萃、檬子乡一带和关口垭处；下震旦统缺失；上震旦统不整合于前震旦系之上，以白云岩为主，夹碎屑岩，底部见砾石。

古生界地层围绕元古界变质岩系环带状分布，由滨浅海岩石组成，生物繁多。下古生界发育不全，缺失中寒武统上部至上寒武统；下奥陶统及中奥陶统下部在小区西南部局部分布；上奥陶统及下、中志留统分布较广，下二叠统超覆其上，下古生界以砂岩、页岩为主，碳酸盐岩次之；二叠系以灰岩为主夹页岩。下、中三叠统以灰岩、白云岩为主，下部夹紫色页岩，上三叠统及下一中侏罗统以砂、泥（页）岩为主。

中生界分布在罐子坝以南。新生界只零星分布于古夷平面、河谷阶地及山间洼地上，厚度不超过50m。

地质认识实习主要观察米仓山自然保护区元古界—古生界地层，该区地层特征简述如表2-1。

第三节　外动力地质作用及地貌

在四川省地貌区划上，米仓山属中山山地。四川省旺苍县米仓山自然保护区境内，北面、西面高，南部低，北部和西部山岭海拔2000m左右，最高峰位于东北角的城墙岩主峰，海拔2281m，也是旺苍县境内的最高峰，西部边界的光头山海拔2276m，为区内第二高峰。宽滩河与其支流洞子沟的汇合处海拔570m，是区内的最低点。区内相对高差1711m。

由于岩性的地域差异，以宽滩河为界，东南部与北部、西部的地貌形态特征截然不同。

一、河谷地貌

宽滩河以东的东南部地区，大面积出露吕梁运动时期的岩浆岩，发育岩浆岩中低山山地。经长期侵蚀、切割和夷平作用，形成山顶浑圆、山坡陡峻、河谷狭窄的中低山河谷地貌。

夷平面的特征表现明显，山顶平缓，面积一般为几百亩，海拔1500m左右，如烂草坪、鞍子坪、毛家坝、田家坪等。在支流的分水岭，有四周山岭包围，中间凹陷的岭顶山间小盆地，相对高差 100m 左右，当地称之为"坝"，如金竹坝、上金竹坝、金场坝、易家坝、新田坝、水香树坝、袁坝子、红岩坝等。坝的面积一般在 $1 \times 10^6 \, \mathrm{m}^2$ 以下，而保护区东南角的金场坝和宽滩支流小河里北面的易家坝，面积则达 $1.5 \times 10^6 \, \mathrm{m}^2$ 左右，在坝的底部有面积不大的湿地。

由于小溪沟侵蚀、切割作用，而使夷平面发育成长条形的山梁，如斜柏树梁、李驼背梁、长梁子、横担梁、环担梁、罗家梁、岳家梁、中圈梁子、张家梁、新田梁等。

河谷地貌无论是支沟还是主河道，均发育成狭窄河谷，在个别河段则形成峡谷，河谷窄，谷坡陡峭，呈"V"字形，谷内阶地、河漫滩不发育，如檬子乡政府驻地上游 7km 的大峡里，以及宽滩河支流岳溪河上游的黄金峡和小黄金峡等。

二、河漫滩、阶地地貌

1. 河漫滩

实习区虽属山区，但在太阳河等宽河段的凸岸一侧谷底，发育具有双层结构的河漫滩。漫滩的上部为黏土等漫滩沉积，下部为较粗的砾石层的河床沉积。但是，受山区河流流速、流量变化较大，以及河床底部复杂等因素的影响，堆积物常较粗、分选性差、层理不稳定。有时在流速特大的情况下，缺失漫滩沉积，这时的河流表现为仅有较粗砾石的河床沉积。

2. 阶地

实习区在宽滩河、太阳河一带发育不对称的二级阶地。阶地的形成主要是新构造运动引起地壳间歇性抬升、河流间歇性下蚀作用的结果。

三、岩溶地貌

旺苍米仓山处于我国南方与北方岩溶地貌的过渡地带，岩溶地貌的发育过程与地貌形态都与南、北方不相同。在宽滩河以北、以西地区，出露古生界滨海至深海沉积的碳酸盐岩和页岩、砂岩、硅质岩等，发育岩溶山地地貌与砂岩、页岩中山峡谷山地。区内岩溶山地地貌具有下列特征。

(1)条带状的峰丛：从保护区的东北角向西至大红岩，长达 10km 以上发育条带状的峰丛，山峰呈锯齿状排列，海拔 2000～2200m，峰肩相连，峰尖高出峰肩 200m 以上，在峰肩以下，则为高达 200～300m 的绝壁陡崖，从南望去，俨然一座巨大的城墙耸立在群山之上，其中东段最为典型，故为城墙岩。

(2)鼓状的峰丛：东鼓城山和西鼓城山海拔分别为 2065m 和 2017m，两者之间距数百米，呈圆柱状屹立于群山之上，高出周围页岩山地 200～250m，形似巨鼓。峰顶平缓，顶部面积分别为 $5.76\times10^5m^2$ 和 $4.67\times10^5m^2$。其高度之高、规模之巨大、形态之逼真，在国内外岩溶地貌中实属罕见。东、西鼓城山为保护区的标志。

(3)溶洞发育：保护区狮子坝后山溶洞较为发育，其主要发育于厚层灰岩、白云质灰岩与隔水层页岩的接合部。据调查，整个米仓山自然保护区及周边大大小小共有溶洞约 13 处(表 2-2)。

表 2-2　米仓山自然保护区溶洞一览表

溶洞名	所在位置	溶洞规模/m			备注
		高	宽	长	
塌地洞	鼓城乡 4km 光明社	5	15	100	
洋鱼洞	鼓城乡关口垭岩下				
大马门洞	鼓城乡鼓城村 5 社大红岩下	10	5	900	
康家洞	鼓城乡鼓城村 5 社	7	12	200	
乔皮洞	鼓城乡鼓城村大红岩顶部				海拔 1800m，东西贯穿大红岩中上部
陈家洞	西鼓城山脚下	6	7	300	海拔 1800m，东西贯穿西鼓城山
刘家洞	鼓城乡鼓城村 5 社	5	8	300	

溶洞名	所在位置	溶洞规模/m			备注
		高	宽	长	
大泓洞	鼓城乡鼓城村 7 社	5	8	250	
狗爬洞	鼓城鱼儿河上游				
新洞子	檬子乡白杨村	洞内可容纳数万人			
大曲口溶洞	檬子乡白杨村				
峡沟里溶洞	檬子乡白杨村				
楠木洞	檬子乡白杨村				

溶洞大多数海拔为 1500m 左右，与第三级夷平面相当。而西鼓城山的陈家洞和大红岩上部的大泓洞，在海拔 1800m 左右，相当于第二级古夷平面的高度。

(4)暗河不多见：区内暗河仅见于西北部的厚层灰岩，在烂坝子北面的卡门落水洞，汇合了长潭河和塔地沟后呈暗河形式向西南潜伏于地下，于大红岩下出口，长达 6km 左右。

(5)灰岩与页岩接触部多宽谷：主要分布于鼓城乡的北部，谷宽 150～200m，底部平缓，谷坡较陡，如烂坝子、塔地沟、大坝口(皇帽山南)、庄房坝等。除烂坝子底部有一片沼泽地外，其余宽谷底部干涸，小水沟呈渠槽状，沟床底部低于坝面 50～100cm。

四、重力作用及地貌

在高山陡峻的地区，由于岩石裂隙发育，在地下水的作用下，处于斜坡上不稳定的岩体或土体，会因失去重力平衡而整体下滑，造成大规模的崩落现象——滑坡。如鼓城乡政府附近公路边可见灯影组三、四段发育不同规模的岩体滑坡。

五、地貌的形成

米仓山地区经历了多次的造山运动和漫长外动力地质作用，才形成当今的面貌。

距今 1.8 亿年前的中生代的印支造山运动和随后的燕山运动以及喜马拉雅运动，使本区不断抬升，同时，在强烈的夷平、侵蚀、溶蚀等外动力地质作用下，形成了具有多级夷平面、多种岩溶地貌类型并存和坡陡谷窄的中低山峡谷地貌。

综观之，区内具有三级夷平面，这是山地间断上升的见证。从高到低，各级夷平面的海拔分别为：第一级夷平面海拔 2000～2100m，第二级夷平面海拔 1700～1800m，第三级夷平面海拔 1400～1500m。

溶洞和暗河的发育时代与夷平面的形成有可比之处。西鼓城山脚下的陈家沟洞和大红岩山上的大泓洞，海拔为 1800m 左右，与第二级夷平面的海拔相当，并且西鼓城山陈家洞就发育在灰岩与页岩（隔水层）的界面上。它们都是在中生代燕山运动以前形成的。城墙岩的陡岩也是同期形成的。燕山运动使山体抬升，侵蚀作用加剧，软地层被侵蚀夷平，两个溶洞则被高挂于山体之上。

其他的溶洞和落水洞、暗河的海拔与第三级夷平面基本一致，都是在中生代—新生代燕山运动以后形成的。七里峡也在该时期初具规模。

喜马拉雅运动，本区山地继续上升，侵蚀切割作用更加强烈，使河谷更加狭窄，陡崖增高。当今新构造运动还十分活跃，使主河和支沟都极少发育河流阶地。

第四节　地质发展史

一、区域构造概况

米仓山所处大地构造位置特殊，地处扬子克拉通北缘，北侧为汉南推覆构造和秦岭造山带，西侧为龙门山推覆构造带和松潘—甘孜造山带，东邻大巴山推覆构造带，南接四川盆地（图 2-2）。

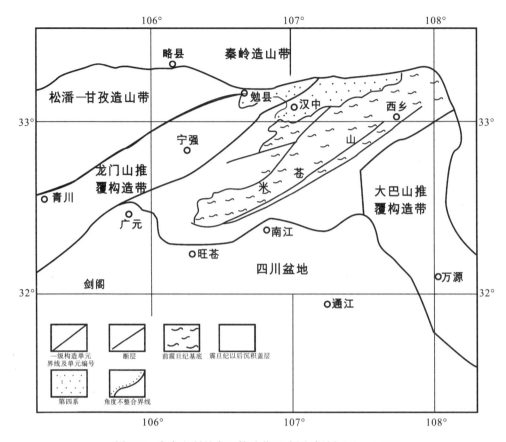

图 2-2　米仓山所处大地构造位置略图(据刘登忠，1997)

二、米仓山的地质历史

根据区域地层出露、构造性特征及岩浆岩发育的情况，旺苍米仓山地区元古代处于地槽发展阶段，吕梁运动之后转为地台发展阶段。在中三叠世之前为广海占据，接受浅海沉积；印支运动后，北部隆起成山遭受侵蚀，南部转为山前凹陷，接受陆相沉积；燕山运动后，全区褶皱成山，白垩世后继续上升遭受侵蚀，逐渐形成今天的轮廓。

米仓山区震旦、寒武纪沉积时期其北为汉南古陆、西北为摩天岭古陆，东南是辽阔海域。早在距今约 17 亿年以前的元古代，吕梁运动为强烈的褶皱运动，并伴随有强烈的岩浆活动，使本区东南部地区分布花岗岩、花岗斑岩、闪长岩等岩浆岩。同时，也使元古代基底发生变质。

震旦纪晚期，本区普遍下沉，广泛为海水淹没，致使灯影组自西而东大面积超复于上震旦统陡山沱组和下震旦统以及汉南杂岩体之上,普遍接受了白云质碳酸盐沉积。

早寒武世筇竹寺期,摩天岭古陆上升,本区强烈沉降,形成广阔的浅海环境,沉积了富含有机物质的泥砂质沉积。当时陆源物质主要来自西北侧上升的古陆。沉积盆地地势东北高而西南低,海水自南向北进入本区。仙女洞期当时汉南古陆已达准平原化阶段,提供的碎屑物质显著减少,因而形成以碳酸盐为主的仙女洞组沉积。仙女洞组沉积之后,本区西北的摩天岭古陆上升作用明显加强,北部汉中一带也相应升起,致使汉中梁山一带仙女洞组暴露地表遭受剥蚀,其余地区则沉积了以富含燧石砂砾为特征的阎王碥组碎屑沉积。阎王碥期之后,汉南古陆继续向东和向南扩大,海水相应退缩。因而早寒武世晚期只在东南接受沉积,形成以潮坪碳酸盐沉积为主的孔明洞组。孔明洞组沉积之后,本区曾一度露出水面,而后在西乡—福成一线形成混合潮坪环境,接受了泥、砂与碳酸盐沉积。这就是中寒武世早期形成的含碳酸盐的地层陡坡寺组。随着扬子地台西北部的上升,海盆继续向南、东收缩,于陡坡寺期后海水退出本区,结束了本区寒武纪沉积史。

在距今约4亿年的早古生代中志留纪以前,米仓山及周围地区还未隆起为陆,仍是一片汪洋大海。加里东造山运动(距今约4亿年)区域上主要表现为较大幅度的振荡升降运动,长达1.3亿年之久,导致石炭系和上志留统地层的缺失,岩层无褶皱,各时代地层间表现为整合接触或平行不整合接触。

在距今2.7亿年前的晚古生代,米仓山地区又受到海侵,再次成为海洋。直到距今2.25亿年前的晚古生代末期的海西造山运动,米仓山地区又隆起为陆,从此结束了海侵的历史。印支运动期(距今1.8亿年)区域上以不均衡的上升运动为主,导致局部地区有轻微褶皱。在燕山运动期,区域上为强烈的水平挤压运动,使地壳岩层强烈褶皱,乃至直立、倒转。从这次运动的区域上看,它标志着地壳运动性质的一次突变,由古生代以来长期的升降运动转化为水平运动,使以前的老地层全部参与到褶皱之中,形成了米仓山区域地形地貌的基本形态。

第三章 米仓山地区地质实习与剖面观察

　　旺苍米仓山地区地处四川与陕西交界地带，地质历史可追溯到震旦纪，构造运动强烈，内、外动力地质作用的交替作用，对米仓山的现今形迹具有重要影响。区内地质现象典型多样，内容丰富。该区沉积岩、岩浆岩和变质岩等三大类岩石均有出露。旺苍米仓山地区出露的地层也较完整，除泥盆系和石炭系外，从前震旦系至二叠系地层都较为发育。区内各类地质构造普遍发育，褶皱、节理及断层等发育较为典型。河流地质作用、溶蚀作用、风化作用、负荷(重力)地质作用等也发育典型。在地质实习过程中，对不同实习剖面的典型地质现象进行归纳总结，共建立了8条剖面9条路线(图3-1)，其内容包括三大类岩石的观察与描述、外动力地质作用现象观察与描述、地层观察与描述、地质构造观察与描述、沉积相观察与描述等实习内容。

第一节　实习目的与要求

一、实习目的

　　地质学是一门理论与实践并重的科学，野外地质实习是地质类相关专业教学计划中重要的组成部分。在学习了《普通地质学》《古生物学与地层学》《地质学基础》等一些地学类基础课程后，开展系统的野外地质实习，不仅可以巩固、加深和提高课堂教学的理论内容，锻炼学生观察问题、分析问题、解决问题的能力以及独立工作的能力，而且可以增强学生对地学专业的兴趣，为后续专业课程的学习打下基础。

　　旺苍米仓山地区地质景观丰富，地质现象复杂多样。沉积岩、岩浆岩及变质岩等三大类岩石均有发育。地层系统完整，除泥盆系和石炭系地层之外，从震旦系至二叠系地层均有不同程度出露。内外地质作用现象明显，对增强

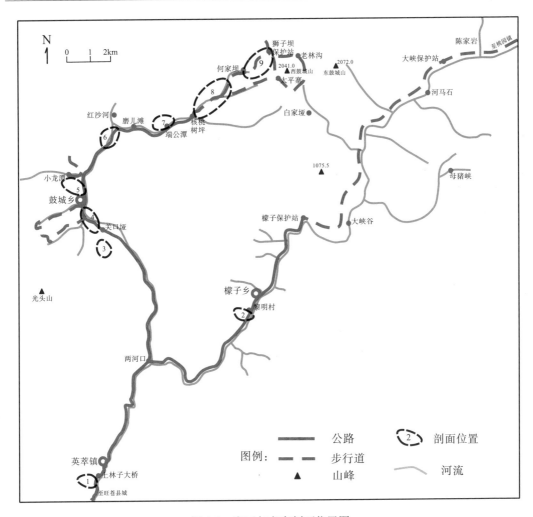

图 3-1　实习与考察剖面位置图

图中椭圆及其中数字表示实习剖面所在区域；1. 英萃镇上林子大桥剖面；2. 黎明村剖面；3. 黑狗滩剖面；4. 关口垭—小龙潭剖面；5. 鼓城乡—小龙潭剖面；6. 唐家河—红沙河剖面；7. 端公潭剖面；8. 核桃坪—何家坝剖面；9. 蔡家地—狮子坝剖面

地质现象的感性认识，提高地质形象思维，加深地质现象的理解等非常有好处，是地质认识、基础地质、工程地质、沉积相等实习的良好场所。

　　旺苍米仓山地区地质实习，其主要目的是通过野外地质现象的考察，巩固并验证课堂所学的理论知识；通过野外的实际操作，掌握野外地质研究的基本技能和基本方法；通过实习，培养学生的地质思维及解决地质问题的能力，增强对地学领域求知、探索的兴趣。

二、实习内容与要求

通过旺苍米仓山地区地质实习，需要掌握下列地质现象及野外地质工作的基本技能和方法：

(1)通过实习，熟悉野外地质工具的使用，掌握野外地质工作的基本内容和基本过程。

(2)认识常见矿物、岩石及其中所含矿产，如方解石、白云石、正长石、斜长石、石英、白云母、黑云母、角闪石、辉石、黄铁矿等；认识砾岩、粗—中—细粒砂岩、粉砂岩、黏土岩、石灰岩与白云岩等沉积岩；认识花岗岩、闪长岩、辉长岩等岩浆岩；认识板岩、千枚岩、片岩、片麻岩与混合岩等变质岩；能够对三大类岩石进行野外鉴别与描述；了解各种岩石或岩层及其组合对能源矿产及工程地质的影响。

(3)了解实习区地质发展史，观察地层形成的先后顺序、地层接触关系及主要构造线的方向；了解岩性地层划分和古生物化石在地层划分中的意义，描述各时代地层的岩性及古生物化石的特征。

(4)观察内动力地质作用类型及发育特征，如变质作用产生的变质岩，岩浆作用产生的岩浆岩；通过对褶皱、断层、节理(或裂缝)等地质构造的几何要素及空间分布特征的认识与观察，了解其相互关系、岩性对其发育的影响，以及各种地质构造对能源矿产和工程地质等的影响。

(5)观察外动力地质作用类型及发育特征，如沉积作用产生的各类沉积岩，河流地质作用产生的河流地貌，地表与地下水作用形成的岩溶地貌，负荷(重力)地质作用形成的滑坡、崩塌、泥石流等堆积地貌；了解其形成条件、形成过程及其在能源矿产、工程地质、工程稳定性等方面的意义。

(6)初步掌握沉积环境分析的方法。通过观察沉积相标志(岩石的颜色、成分、结构，沉积构造，生物化石特征，沉积相序变化，砂体及其他相标志)的横向变化来推断沉积环境，学习绘制沉积相序图。

(7)掌握野外记录格式、随手(信手)剖面图的制作、野外常见素描图的绘制、标本的采集、重要野外地质信息的描述及摄影等基本技能。

(8)掌握野外地质实习报告编写的内容和要求。

第二节　檬子乡黎明村—关口村剖面

观察路线：黎明村—田竹坝—关口村

一、观察内容要求

（1）观察前震旦系火地垭群中、酸性岩浆岩，掌握中、酸性岩浆岩的基本特征及其鉴别方法。

（2）了解岩浆作用，学习岩浆岩（花岗岩、辉长岩、闪长岩等）的观察和描述内容。

（3）观察认识岩浆岩的产状类型。

（4）观察岩墙、捕虏体（包体）特征及其与花岗岩岩体的关系。

（5）了解变质作用，观察并学习描述变质岩（碎裂岩、石英片岩、斜长石片岩及片麻岩等）。

（6）观察宽滩河河谷地貌、岩石和风化地貌特征，分析其形成原因等。

二、观察点及观察分析要点

观察点 1. 檬子乡黎明村宽滩河旁

（1）观察并描述似斑状花岗岩（图 3-2）、闪长岩等，了解其形成时代、形成机理及产状类型，并绘制所观察岩石的素描图或拍照。

（2）观察描述岩墙（岩脉）及捕虏体（包体）的岩性特征及产状（图 3-3～图 3-5），并绘制岩墙（岩脉）及捕虏体（包体）的素描图。

（3）观察描述岩墙（岩脉）及俘虏体（包体）与花岗岩体之间的关系，推断岩墙（岩脉）及俘虏体（包体）与花岗岩体形成的次序。

观察点 2. 黎明村—田竹坝沿途天然或人工露头

（1）观察露头岩浆岩体出露情况及地形特点，根据岩浆岩体、岩墙（岩脉）错断情况推断上次级断层存在的证据，判断断层产状及断层性质，并绘制断层发育情况信手剖面图。

图 3-2　花岗岩(王挽琼摄)

图 3-3　花岗岩中的捕房体(王挽琼摄)

图 3-4　岩浆岩中的包体(夏青松摄)

图 3-5　岩浆岩中的岩墙(夏青松摄)

(2)观察露头岩浆岩体中发育的剪节理发育特征,测量节理产状并判断出露情况及地形特点,根据岩浆岩体、岩墙(岩脉)错断情况推断次级断层存在的证据,判断断层产状及断层性质,并绘制断层发育情况信手剖面图;分析岩体对工程稳定性的影响。

(3)观察露头动力变质岩,判断其变质程度,了解其形成机理及过程。

(4)观察岩体中发育的剪节理发育特征,测量节理产状并判断出露情况及地形特点(图 3-6),根据岩浆岩体、岩墙(岩脉)错断情况推断上次级断层存在的证据,判断断层产状及断层性质,并绘制断层发育情况信手剖面图。

(5)观察沿途高陡边坡处发育的不稳定危岩体(图 3-7),描述危岩体位置、规模、产状及成因机理,分析该类危岩体对工程稳定性的影响。

观察点 3.　黎明村—关口垭宽滩河河谷及周边

(1)结合实际观察河谷(图 3-8)的组成要素(河床、谷底,谷坡、河漫滩、边滩)、阶地(图 3-9)及组成要素(阶面、阶坎)。

(2)观察河流侵蚀作用、搬运作用及沉积作用特征。

（3）观察描述现代河流沉积物特征，观察了解河流砾石成分、磨圆、分选、排列方式等与河流地质作用的关系。

（4）讨论道路、桥梁选址与河流地质作用的关系。

图 3-6　剪节理（王婉琼摄）

图 3-7　危岩体（王婉琼摄）

图 3-8　宽滩河河道（王挽琼摄）

图 3-9　宽滩河阶地（王挽琼摄）

观察点 4. 关口垭及周边

（1）观察由前震旦系火地垭群组成的四川盆地基底特征，结合盆地构造运动历史，判断该区盆地基底出露地表的地质原因。

（2）观察和描述震旦系基底岩浆岩、变质岩特征；认识花岗岩、辉绿岩、闪长花岗岩及辉长岩等岩浆岩，进一步学习描述片麻岩、片岩等变质岩。

（3）沿途观察火地垭群与震旦系灯影组地层界线，区别火地垭群与震旦系灯影组岩性与地层特征。

（4）测量震旦系灯影组产状，分析火地垭群与灯影组的地层接触关系。

（5）观察描述火地垭群岩浆岩的风化现象，风化后的产物及风化壳结构，分析岩浆岩易风化的原因、岩浆岩体风化对工程建设及稳定性的影响。

三、必备基础理论知识

(1)河流地质作用类型及特点。

(2)岩浆作用的概念及岩浆作用的类型,变质作用的概念及变质作用的类型。

(3)岩浆岩及变质岩的颜色、成分、结构、构造特点。

(3)岩浆岩、变质岩的分类及各类型的代表性岩石。

(4)不整合的概念、类型及研究意义,角度不整合的特点。

(5)各种岩石的强度特征及其与矿产资源、工程稳定性的关系。

(6)风化作用类型和特征对工程建设、岩体稳定性的影响。

四、室内作业

(1)整理野外记录和清绘图件,整理采集到的野外样品。

(2)系统总结当天野外观察内容,写出地质考察小结。

(3)查阅资料,了解四川盆地基底及其以上地层层序。

第三节 英萃镇上林子大桥剖面

观察路线:英萃镇上林子大桥

一、观察内容要求

(1)观察认识大理岩、片岩、片麻岩和混合花岗岩等变质岩,了解变质程度,分析其形成条件。

(2)观察认识辉绿岩、闪长岩和花岗岩等侵入岩,了解岩浆的侵入作用,确定各类岩石的分类属性、产状等,并分析其形成过程。

二、观察点及观察分析要点

观察点：上林子大桥桥下

(1)寻找岩浆岩及变质岩，根据其特征区分岩石类型并命名。

(2)观察描述片麻岩、大理岩、片岩和混合花岗岩的颜色、结构、构造特征，并鉴定其主要矿物成分(图 3-10、图 3-11)；并绘制所观察岩石的素描图。

(3)观察描述辉绿岩、闪长岩和花岗岩的颜色、结构、构造特征，并鉴定其主要矿物成分(图 3-12、图 3-13)；了解其分类属性、产状等，并绘制所观察岩石的素描图。

图 3-10　混合岩(王挽琼摄)

图 3-11　片麻岩(王挽琼摄)

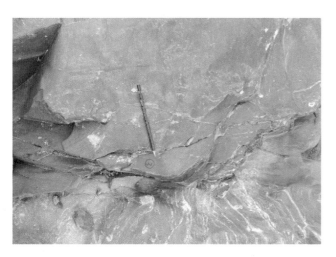

图 3-12　细粒闪长岩(曾德铭摄)

图 3-13　辉绿岩(曾德铭摄)

三、应具备的基础理论知识

(1)岩浆岩的分类及各类岩浆岩的代表岩石。

(2)各类岩浆岩的基本特征(成分、结构、构造特征、产状)。

(3)岩浆的同化－混染作用和鲍温反应系列及其与岩浆岩的关系。

(4)变质岩的分类以及各类变质岩的基本特征(成分、结构、构造特征)。

(5)变质作用的类型划分、各种变质作用的特征及各变质作用代表岩石。

四、室内作业

(1)整理野外记录和清绘图件。

(2)回顾总结当天野外观察内容,写出实习小结。

第四节　黑狗滩剖面

观察路线:关口村—黑狗滩—沟谷内约 2km

一、观察内容要求

观察泥石流发育的环境特点和泥石流沉积物。

二、观察点及观察分析要点

观察点 1.关口村村口公路边

(1)观察泥石流沟的全貌(图 3-14),描述其形态及边界位置、地形地貌和坡度等。

(2)分析讨论泥石流的形成条件、演化趋势、控制其发育的因素。

(3)绘制泥石流沟谷全景素描图。

图 3-14　泥石流沟谷（范存辉摄）

图 3-15　泥石流堆积物剖面（范存辉摄）

观察点 2．黑狗滩及附近

（1）观察描述泥石流"V"形沟谷两侧陡坡地层岩性，并分析"V"形沟谷形成成因（主要由下蚀作用形成）。

（2）观察泥石流剖面沉积物剖面特征（旋回性、各旋回间沉积物特征及厚度的差异性），讨论剖面沉积层序变化的原因（图 3-15）。

（3）观察描述各旋回砾石成分、粒度及其变化、砾石的分选（粗细混杂，分选性差）和磨圆（多为棱角状）特征、砾石排列特征、砾石间充填物含量及其变化等。

（4）讨论各旋回沉积物特征所反映的水动力和物源区物源的特征。

（5）观察描述下伏基岩的特点及其与泥石流的接触关系、各沉积旋回纵横向变化特征，并分析各沉积旋回纵横向变化的原因。

（6）绘制观察剖面的沉积层序变化剖面示意图。

观察点 3．沿黑狗滩向沟口约 2km 左右

（1）观察峡谷内谷底宽窄变化特征，分析其宽窄变化原因。

（2）观察并描述泥石流物源区地形、范围、规模等，分析影响泥石流物源的因素。

（3）观察并描述泥石流流通区范围、沟谷坡度变化及砾石横向变化特征等。

（4）结合平面、剖面发育特征，分析泥石流发育机理、过程、空间分布及影响因素。

（5）分析泥石流的工程地质特性及可能存在的工程地质问题，并提出解决方案，讨论泥石流的危害及工程对策。

三、应具备的基础理论知识

（1）常见的地质灾害类型及特征。

（2）泥石流的形成条件、控制因素、形态特征、沉积物类型、沉积物的相变特征。

四、室内作业

（1）整理当天野外记录，清绘泥石流剖面堆积物特征（粒度、旋回、分选等）变化剖面图及泥石流全景素描图。

（2）写出黑狗滩剖面实习小结。

第五节　端公潭剖面

观察路线：端公潭及周边

一、观察内容要求

（1）观察河流地质作用（瀑布、侵蚀作用、锅穴等地质现象）。

（2）观察志留系龙马溪组（$S_1 l$）地层及岩性特征。

（3）观察地层中发育的断裂构造（节理、断层等）。

二、观察点及观察分析要点

观察点 1. 端公潭瀑布

（1）观察并描述瀑布发育特征，包括瀑布发育位置、高度、水量、范围及两侧岩体受侵蚀程度（图 3-16）。

（2）观察并解释瀑布发育的机理（差异侵蚀作用及构造作用）。

（3）观察河流侵蚀作用的各种现象，尤其注意侵蚀产生的"锅穴"现象，描述"锅穴"的形态、大小、空间分布规律，分析探讨"锅穴"现象的地质成因。

观察点 2.　端公潭下河沟及周边

（1）观察与描述志留系龙马溪组泥质粉砂岩、粉砂岩及页岩（图 3-17）；测量岩层产状，练习采集岩石标本。

（2）观察小河坝组地层中的层面（波痕等）及层理（交错层理、平行层理、包卷层理等）沉积构造（图 3-18），绘制各沉积构造的素描图。

（3）总结描述小河坝组地层特征，推断其形成环境。

图 3-16　端公潭瀑布（范存辉摄）

图 3-17　龙马溪组地层（范存辉摄）

图 3-18　小河坝组包卷层理（陈晓慧摄）

图 3-19　剪节理（苏培东摄）

观察点 3.　沿端公潭河沟向下游约 2km

（1）观察与描述粉砂岩中发育的节理，依据节理产状、延伸、组合等特征分析节理的力学特征，并判断节理类型，绘制节理素描图，探讨节理发育力学机理(图 3-19)。

(2)探讨节理对工程建设的影响,分析节理发育区岩体稳定性,探讨崩塌与危岩体的形成、影响因素及工程处理措施。

(3)根据地层中对应层的错断情况分析断层的存在,观察并确定断层产状,分析断层性质,并绘制断层素描图图。

三、应具备的基础理论知识

(1)河流侵蚀作用的类型及特征。

(2)碎屑岩的成分、结构、构造特点。

(3)节理的概念及类型,剪节理与张节理的异同点。

(4)不稳定危岩体类型及特征。

四、室内作业

(1)整理当天野外记录及相关素描图。

(2)写出端公潭剖面实习小结。

第六节 关口垭—小龙潭剖面

一、观察路线 1:关口垭—古城乡

1. 观察内容要求

(1)观察前震旦系火地垭群、中震旦统灯影组(Z_2d)地层的岩性等特征。

(2)观察认识花岗岩、辉绿岩、辉长岩等岩浆岩。

(3)观察辉绿岩与花岗岩的关系。

(4)观察花岗岩风化特征。

(5)观察认识花岗片麻岩、辉长片岩等变质岩。

（6）观察认识泥晶白云岩、藻黏结骨架白云岩、核形石白云岩、葡萄状白云岩。

（7）观察水平层理、波状层理、双向交错层理、波痕、鸟眼状构造等沉积构造。

2. 观察点及观察分析要点

观察点 1. 关口垭南行 150m

（1）观察前震旦系火地垭群岩体组成，了解四川盆地基底特征。

（2）观察描述火地垭群花岗岩、辉绿岩、辉长岩等岩浆岩的颜色、结构、构造及产状特征，并鉴定主要矿物成分，绘制所观察岩石的素描图；确定各类岩浆岩的侵入关系，分析岩浆活动的特征。

（3）观察描述火地垭群花岗片麻岩、辉长片岩等变质岩的颜色、结构、构造特征，并鉴定主要矿物成分，绘制所观察岩石的素描图。

（4）观察、描述花岗岩的风化现象，描述风化壳的分层特征，绘制风化壳素描图；并分析花岗岩易风化的原因、花岗岩风化对工程建设的影响。

观察点 2. 关口垭向北行 10m

（1）远观前震旦系火地垭群与震旦系灯影组接触面地形地貌特征，判断地层接触关系。

（2）观察描述震旦系灯影组二段葡萄状白云岩、泥晶白云岩、藻叠层白云岩、砂屑白云岩、砾屑白云岩的特征（图 3-20、图 3-21），绘制所观察岩石素描图，并测量岩层产状。

图 3-20　灯影组二段葡萄状白云岩(曾德铭摄)　　图 3-21　灯影组二段藻叠层(何江摄)

（3）分析葡萄状花边的形成原因。

（4）观察波痕等沉积构造现象（图 3-22），描述其特征，并绘制素描图。

（5）观察白云岩粒序的变化（图 3-23），分析其成因，绘制素描图。

图 3-22　灯影组二段波痕（何江摄）　　　　图 3-23　灯影组二段白云岩逆粒序（夏青松摄）

观察点 3.　关口垭向北行 30~300m

（1）根据岩石特征确定灯影组二段和三段的分界面（图 3-24），并观察在分界面处发育的逆断层，描述断层上下盘地层特征、上下盘地层产状及断层产状、上下盘错动特征及位移等，并绘制断层素描图。

（2）观察描述灯影组三段紫红色薄—中层泥岩、砂岩、灰白色中层砂屑白云岩、风暴角砾白云岩（图 3-25）、泥晶白云岩颜色、结构、沉积构造等特征，分析其沉积环境，绘制所观察岩石素描图，并测量岩层产状。

图 3-24　灯影组二段与三段分界面（何江摄）　　　图 3-25　灯影组三段风暴角砾岩（何江摄）

（3）观察灯影组三段发育的同沉积断层（图 3-26），分析断层的形成时间，确定其性质；描述断层上下盘地层特征、上下盘地层产状及断层产状、上下盘错动特征、位移等，并绘制断层素描图。

（4）分析断层与油气运移、储集、油气藏的形成与破坏的关系，探讨断层对工程建设的影响。

（5）观察描述灯影组三段发育的双向交错层理（图 3-27）、递变层理、波痕等沉积构造现象，并绘制素描图。

图 3-26　灯影组三段同沉积断层（何江摄）　　　　图 3-27　灯影组双向交错层理（范存辉摄）

观察点 4. 关口垭向北行至古城乡政府西面途中

（1）确定灯影组三段、四段分界线，根据灯影组四段的岩性特征，在藻纹状白云岩大面积出现时，确定为灯影组四段。

（2）观察描述灯影组四段凝块石白云岩、藻粘结骨架岩、藻纹层白云岩、葡萄状白云岩、泥晶白云岩夹砂屑白云岩、核形石白云岩、鲕粒白云岩的特征（颜色、结构、沉积构造），分析其沉积特征，绘制所观察岩石素描图。

（3）观察水平藻纹层、波状藻纹层和柱状藻纹层特征（图 3-28、图 3-29），根据藻生长状态判断地层顶底关系。

（4）观察岩溶溶沟充填的岩溶角砾岩的特征（角砾的成分、大小、砾间充填物）（图 3-30），了解古岩溶作用。

（5）观察描述波痕特征，分析其类型，判断古水流方向（图 3-31）。

3. 应具备的基础理论知识

（1）岩浆岩的分类以及各类岩浆岩代表岩石，各类岩浆岩的基本特征（成分、结构、构造特征）。

图 3-28　波状藻纹层(曾德铭摄)　　　　图 3-29　灯影组四段柱状藻纹层(夏青松摄)

图 3-30　溶沟中的岩溶角砾岩(曾德铭摄)　　　图 3-31　大型干涉波痕(曾德铭摄)

　　(2)变质岩的分类以及各类变质岩代表岩石,各类变质岩的基本特征(成分、结构、构造特征)。

　　(3)碳酸盐岩的分类,成分、结构、沉积构造特征及不同类型碳酸盐岩的沉积特征。

　　(4)不整合的概念与研究意义。

　　(5)确定断层存在的方法。

　　(6)断层的油气地质意义及其对工程建设的影响。

　　(7)古风化壳的成因及其油气地质意义,以及古风化壳对工程建设的影响。

(8)岩溶作用的基本条件，古岩溶的油气地质意义。

4. 室内作业

(1)整理野外记录和清绘图件。

(2)回顾总结当天野外观察内容，写出实习小结。

二、观察路线 2：古城乡—小龙潭

1. 观察内容要求

(1)观察下寒武统筇竹寺组（$\in_1 q$）的岩性与地层特征。

(2)观察并鉴定泥质粉砂岩、粉砂质泥岩及页岩等。

(3)观察泥石流防御工程，解释块体运动形成条件和过程、危害及预防和治理措施。

(4)观察筇竹寺组（$\in_1 q$）发育的节理，学会区别张、剪节理，确定多期节理形成时间。

(5)观察小龙潭峡谷和瀑布，分析其形成原因。

2. 观察点及观察分析要点

观察点 1. 古城乡政府西面，小佛像附近

(1)分析确定中震旦统灯影组与下寒武统筇竹寺组接触关系，寻找分界线，探讨地层的接触关系。

(2)观察描述下寒武统筇竹寺组地层特征，包括岩性、层厚、沉积构造等，并测量岩层产状。

观察点 2. 古城小学后山

(1)观察后山地形地貌特征，理解泥石流形成条件和形成过程。

(2)观察拦渣坝、导水渠特征，讨论泥石流的危害及预防和治理措施。

观察点 3. 古城乡外公路—小龙潭沿途

(1)观察描述下寒武统筇竹寺组的岩性及地层特征，鉴定泥质粉砂岩、粉砂质泥岩和页岩的特征。

(2)观察筇竹寺组岩石的崩塌现象，解释崩塌发生原因、特征及预防治理措施。

观察点 4. 小龙潭景区入口 50m

(1)观察陡崖纵向的岩性特征，分析岩石类型与岩层厚度在纵向上的差异。

(2)观察层理类型，识别交错层理(图 3-32)，并绘制素描图。

(3)观察陡崖纵向沉积特征，结合沉积构造，分析浊积扇的沉积特征。

观察点 5. 小龙潭景区内部

(1)观察描述筇竹寺组发育的膝褶(图 3-33)，并绘制素描图。

图 3-32　筇竹寺组大型交错层理(范存辉摄)　　　　　图 3-33　膝褶(苏培东摄)

(2)描述"人醉音清"上砾石的特征，分析大型砾石出现的原因，并绘制素描图。

(3)观察筇竹寺组发育的节理(图 3-34)，分析节理的力学性质、节理期次及节理对工程建设的影响及其工程对策，并绘制素描图。

(4)观察分析小龙潭峡谷及瀑布形成原因(图 3-35、图 3-36)，绘制峡谷的素描图，分析山区河流地质作用特征及影响小龙潭峡谷形成的可能因素，分析瀑布的形成与地下水与地表水地质作用的关系。

(5)观察描述顺层洞穴(图 3-37)，在仔细观察筇竹寺组岩性特征的基础上，分析其成因。

图 3-34　"X"形剪节理(范存辉摄)

图 3-35　小龙潭瀑布(范存辉摄)

图 3-36　小龙潭峡谷(苏培东摄)

图 3-37　筇竹寺组顺层洞穴(曾德铭摄)

3. 应具备的基础理论知识

(1)碎屑岩的分类、结构、沉积构造等特征。

(2)块体运动的分类、成因、预防和治理措施及其对工程建设的影响。

(3)浊积扇的沉积特征。

(4)节理的力学分类、分期和配套。

(5)地下水和地表水的地质作用与峡谷、瀑布的关系。

4. 室内作业

(1)整理野外记录和清绘图件。

(2)回顾总结当天野外观察内容,写出实习小结。

第七节　唐家河—红沙河剖面

一、观察路线 1：唐家河—红沙河剖面

1. 观察内容要求

（1）观察下寒武统仙女洞组（$\epsilon_1 x$）和阎王碥组（$\epsilon_1 y$）的岩性与地层特征，并绘制信手剖面图。

（2）观察并鉴定砾屑灰岩、鲕粒灰岩、泥晶灰岩、砂屑灰岩、泥质粉砂岩、粉砂质泥岩、钙质细砂岩、砾岩等。

（3）观察波痕、冲洗层理、泄水构造、粒序层理、羽状交错层理等。

（4）寻找观察古杯等化石。

2. 观察点及观察分析要点

观察点 1.　唐家河观光车站上行约 500m——仙女洞组

（1）观察了解下寒武统仙女洞组与筇竹寺组的接触界线位置及接触关系。

（2）观察、描述仙女洞组岩性及地层特征，测量其产状。

（3）观察、描述仙女洞组中的砾屑灰岩、泥晶灰岩、砂屑灰岩、鲕粒灰岩，确定其结构特征。

（4）观察、描述仙女洞组发育的波痕、冲洗层理、羽状交错层理等，并绘制素描图，分析这些沉积构造的成因及形成环境。

（5）观察仙女洞组灰岩中的溶蚀现象，分析溶蚀发生原因，确定溶蚀洞、缝的充填物。

（6）观察描述古杯化石，分析古杯化石的沉积环境。

（7）介绍信手剖面图的绘制方法和步骤，并绘制已观察地层的信手剖面图。

观察点 2.　红沙河—阎王碥组

（1）观察了解下寒武统阎王碥组与仙女洞组的接触界线位置及接触关系。

（2）观察、描述阎王碥组岩性及地层特征，测量其产状。

（3）观察、描述阎王碥组中钙质细砂岩、泥质粉砂岩、粉砂质泥岩、砾岩（图3-38）等，描述其结构等特征。

（4）观察描述阎王碥组发育的泄水构造、粒序层理等（图3-39），并绘制素描图，分析沉积构造的成因及形成环境。

图3-38　阎王碥组的砾岩(何江摄)　　　　　　图3-39　阎王碥组中发育的粒序层理(冯明友摄)

3. 应具备的基础理论知识

（1）碎屑岩、碳酸盐岩的分类、结构、沉积构造等特征。

（2）化石的基本特征。

（3）相标志与沉积微相特征。

4. 室内作业

（1）整理野外记录和清绘图件。

（2）回顾总结当天野外观察内容，写出实习小结。

二、观察路线 2：红沙河剖面

1. 观察内容要求

（1）观察下寒武统龙王庙组（$\epsilon_1 l$）、中寒武统陡坡寺组（$\epsilon_2 d$）、中奥陶统宝塔组（$O_2 b$）、中奥陶统临湘组（$O_2 l$）、上奥陶统五峰组（$O_3 w$）、下志留统龙马溪组(S_1l)岩性与地层特征，并绘制信手剖面图。

（2）观察并鉴定亮晶砂屑白云岩、泥晶白云岩、藻白云岩、粉砂岩、钙质细砂岩、泥质粉砂岩、泥质灰岩、页岩、泥岩、龟纹灰岩、钙质岩屑石英细砂岩、含砾中粒钙质岩屑砂岩等。

（3）观察波痕、韵律层理、透镜状层理、泥裂、虫迹等沉积构造。

（4）观察描述古崩塌现象。

（5）寻找观察笔石化石。

2. 观察点及观察分析要点

观察点 1. 红沙河上行约 120m——龙王庙组

（1）观察了解下寒武统龙王庙组与阎王碥组的接触界线位置及接触关系。

（2）观察、描述龙王庙组岩性及地层特征，测量其产状。

（3）观察、描述龙王庙组亮晶砂屑白云岩、泥晶白云岩、泥质粉砂岩、钙质细砂岩、泥岩、粉砂岩等，确定其结构等特征。

（4）观察描述龙王庙组发育的韵律层理、透镜状层理、波痕、虫迹等（图 3-40、图 3-41），并绘制素描图，分析这些沉积构造的成因及形成环境。

图 3-40　龙王庙组波痕(冯明友摄)　　　　　图 3-41　龙王庙组虫迹(冯明友摄)

（5）观察龙王庙组古崩塌现象，描述崩塌堆积物的特征，分析崩塌的期次、形成原因、预防措施及对工程建设的影响。

观察点 2. 红沙河上行约 220m——陡坡寺组

（1）观察了解中寒武统陡坡寺组与龙王庙组的接触界线位置及接触关系。

（2）观察、描述陡坡寺组岩性及地层特征，测量其产状。

（3）观察、描述陡坡寺组泥质灰岩、粉砂岩、细砂岩、粉砂质页岩等，确定其结构等特征。

观察点 3. 红沙河上行约 330m——宝塔组、临湘组

临湘组的岩性与宝塔组类似，在该剖面较难区分，因此将这两个组的地层一起观察研究。

(1)观察了解中奥陶统宝塔组与中寒武统陡坡寺组的接触界线位置及接触关系。

(2)观察描述宝塔组、临湘组岩性及地层特征，测量其产状。

(3)寻找宝塔组角石(图 3-42)，并描述其特征。

(4)探讨龟纹灰岩的可能成因(图 3-43)。

图 3-42　宝塔组的角石(陈晓慧摄)　　　　　图 3-43　宝塔组的龟纹灰岩(冯明友摄)

观察点 4. 红沙河上行约 340m——五峰组

该剖面五峰组的地层植被覆盖，因此简单观察其主要岩性特征，理解风化特征。

观察点 5. 红沙河上行约 345m——龙马溪组

(1)观察描述下志留统龙马溪组岩性及地层特征，测量其产状。

(2)观察、描述页岩的特征，测量其产状。

(3)寻找并观察笔石化石。

3. 应具备的基础理论知识

(1)碎屑岩、碳酸盐岩的分类、结构、沉积构造等特征。

(2)化石的基本特征。

(3)相标志与沉积微相特征。

（4）不同岩石的油气地质意义。

4. 室内作业

（1）整理野外记录和清绘图件。

（2）回顾总结当天野外观察内容，写出实习小结。

（3）了解川中安岳气田龙王庙组特征，并与所观察剖面的龙王庙组对比研究。

第八节　唐家河—太阳河剖面

观察路线：唐家河—米仓山保护区大门口—鼓城乡政府（上游—下游）

一、观察内容要求

（1）观察唐家河—太阳河河谷形态及变化特征。

（2）观察唐家河—太阳河河流侵蚀作用类型及变化特征。

（3）观察唐家河—太阳河河流沉积作用类型及沉积物特征。

（4）观察唐家河—太阳河沿岸风化作用发育特征。

（5）观察唐家河—太阳河沿岸重力地质作用（滑坡、崩塌等）类型及特征。

二、观察点及观察分析要点

观察点 1. 保护区内渔业养殖场

（1）观察养殖场旁边"V"字形峡谷特征。

（2）观察河床两侧基岩岩性特征，判断其基岩受侵蚀程度及侵蚀作用类型。

（3）观察"V"字形峡谷中的河流特征（流速、流量等），分析峡谷形成原因。

（4）观察河床内部沉积物类型、沉积物粒度大小、分选、磨圆等特征。

（5）观察河谷两侧地层中的风化作用及发育特征（沿节理面的差异风化）。

观察点 2. 米仓山保护区大门口

(1)观察此处河床宽度、坡度、形态变化特征。

(2)观察与描述河漫滩砾石的特征(成分、粒度大小、磨圆、分选、排列情况等),分析河流沉积物特征与水动力等沉积环境特征的关系。

(3)观察河流地质作用形成的各种地貌形态,如河床、河漫滩、阶地和边滩等。

(4)观察河流弯道处凹岸与凸岸河流地质作用的差异(凹岸侵蚀、凸岸堆积),分析河曲的发育与水动力特征的关系等。

(5)分析河流地质作用与工程建设的关系。

观察点 3. 米仓山宾馆门口

(1)观察河床内新鲜露头区沉积物剖面特征,重点观察剖面由下部到上部沉积物粒度的旋回性变化,分析河流"二元结构"特征。

(2)观察描述边滩、河漫滩以及两者的区别,分析它们的成因以及河流沉积物特征。

(3)与观察点 1、2 进行对比,分析河床形态变化规律,探讨河流地质作用(侵蚀、搬运、沉积等)的发育过程及影响因素。

(4)观察与分析节理控制下的崩塌体发育特征(位置、规模、失稳机理及影响因素),评价其危害性。

观察点 4. 鼓城乡政府

(1)观察描述太阳河阶地全貌、阶地类型及阶地的发育情况,分析阶地的形成过程和发育条件(图 3-44)。

(2)观察太阳河一、二级阶地的结构和组成特征(堆积物组分特征、厚度及两级阶地的落差等)。

(3)推断阶地的发育过程及成因(新构造运动、河流下蚀作用),分析各级阶地的工程性质和工程意义(图 3-45)。

(4)观察与描述太阳河对岸边坡滑坡地质现象(滑坡全貌、要素、成因,发育过程及影响因素),评价其危害性。

(5)探讨崩塌与滑坡的工程地质意义及防治措施与对策。

图 3-44 太阳河河谷(范存辉摄)   图 3-45 太阳河河床(范存辉摄)

三、必备基础理论知识

(1)河流地质作用概念，河谷要素的组成及特征。

(2)河谷沉积"二元结构"的内容。

(4)差异风化的概念及特征。

(5)河流地质作用与构造运动的关系。

(6)重力地质作用的类型及特征。

四、室内作业

(1)整理野外记录，清绘"V"字形峡谷素描图、河流"二元结构"素描图、凹岸侵蚀及凸岸堆积素描图、阶地素描图。

(2)系统总结野外观察内容，写出考察小结。

(3)分组讨论崩塌及滑坡的工程地质意义和工程对策。

第九节　七里峡—狮子坝剖面

观察路线：七里峡—蔡家地—狮子坝

一、观察内容要求

(1)观察志留系(S)—二叠系(P)地层特征。

(2)观察地层内小型褶皱及断裂构造。

(3)观察外动力地质作用发育特征(下蚀作用、岩溶作用、风化作用等)。

二、观察点及观察分析要点

观察点 1. 核桃坪—七里峡

(1)观察和描述小河坝组粉砂岩、泥质粉砂岩、页岩。

(2)测量地层产状，与端公潭地层产状进行对比，分析地层产状变化特征。

(3)观察七里峡峡谷形态及特征，绘制峡谷素描图，分析峡谷形成原因(与河流下蚀作用、新构造运动有关)。

(4)观察地层内部次级小褶皱地质构造，测量次级褶皱两翼产状，判断褶皱类型，探讨其成因机理(图 3-46)。

(5)观察地层内部次级小型断层(推覆构造为主)，测量断层上下盘产状，判断断层性质，探讨其成因机理。

观察点 2. 撑腰岩—好汉坡—蔡家地

(1)观察沿途岩层面上发育的节理及其与层面的关系，分析节理的力学特性、节理对工程建设的影响及其工程对策(图 3-47)。

(2)观察危岩、崩塌和崩积物，分析其成因与工程地质意义。

(3)观察因岩性差异造成的差异风化地貌。

观察点 3. 狮子坝—鼓城山

(1)观察二叠系茅口组地层特征，测量岩层产状，分析其与下部地层接触关系。

图 3-46　次级小褶皱(苏培东摄)　　　　图 3-47　节理发育情况(苏培东摄)

(2)观察二叠系茅口组岩性特征及所发育的沉积相标志,分析其形成环境。

(3)观察碳酸盐岩岩溶地质(溶洞、峰林、峰丛、暗河等)现象,并绘制相关素描图。

(4)远眺东、西鼓城山,绘制素描图,讨论其形成机理、发育过程及影响因素(图 3-48、图 3-49)。

图 3-48　鼓城山全貌(范存辉摄)　　　　图 3-49　鼓城山地貌(范存辉摄)

观察点 4. 观景台周边

(1)观察观景台下部地层中发育的溶洞,描述溶洞发育的地理位置、海拔、地貌部位、溶洞所在地层层位与岩性(二叠系茅口组石灰岩),测量岩层产状(图 3-50)。

(3)溶洞内观察描述溶洞高度和宽度及其变化、溶洞的延伸方向、洞的分支情况、洞内沉积物类型及数量(图 3-51)。

(4)观察溶洞与附近地下水出露的关系,分析溶洞的形成条件以及与构造运动的关系。

（5）绘制溶洞位置的素描图及示意图（包括岩性、构造、溶洞、地下水等）。

图 3-50　沿节理面的岩溶现象（范存辉摄）　　　　　图 3-51　狮子坝溶洞（陈晓慧摄）

三、必备基础理论知识

（1）河流侵蚀作用的类型及特征。

（2）褶皱类型及形成机理。

（3）断层分类及断层性质判断。

（4）岩溶作用的基本条件、构造运动与岩溶系统发育的关系、地下水的发育与构造的关系。

（5）岩溶及古岩溶的油气地质意义及主要工程地质问题。

四、室内作业

（1）整理野外记录，清绘七里峡峡谷素描图、断层及褶皱素描图、节理交切关系素描图。

（2）系统总结野外观察内容，写出考察小结。

（3）分组讨论岩溶地质作用的类型、发育过程及与构造运动的关系。

第十节　沉积相实习路线与内容

一、观察路线 1：关口垭（灯影组四段）

1. 观察内容与要求

（1）观察关口垭剖面灯影组四段（7.44m）的岩性特征、岩体纵横向变化及所含古生物化石、沉积构造等沉积相标志，分析其沉积环境。

（2）绘制沉积相序剖面图。

2. 关口垭剖面灯影组四段沉积相剖面观察小层及观察分析要点

本剖面位置在关口垭—古城乡的公路旁，主要为凝块石白云岩、藻粘结骨架岩、藻纹层白云岩、葡萄状白云岩、泥晶白云岩夹砂屑白云岩、核形石白云岩、鲕粒白云岩，结合沉积构造确定该段为灰泥丘相。观察的相标志要点及相分析内容如下。

（1）观察内容：颜色、岩性、粒序变化；沉积构造，如波痕波峰波谷的特征；是否有白云母及海绿石等。

（2）分析内容：沉积构造与沉积环境的关系，如波痕峰尖谷圆代表什么；白云母和海绿石的出现说明什么；综合整段的岩性、颜色、岩石组合类型、岩石粒度、沉积构造等特征，对该段地层的水动力条件、沉积环境及沉积作用过程进行分析，确定该剖面的沉积微相，并绘制沉积相序图。

二、观察路线 2：唐家河—红沙河（筇竹寺组—仙女洞—阎王碥—龙王庙组）

1. 观察内容与要求

（1）观察唐家河—红沙河剖面下寒武统筇竹寺组（$\epsilon_1 q$）、仙女洞组（$\epsilon_1 x$）、阎王碥组（$\epsilon_1 y$）、龙王庙组（$\epsilon_1 l$）各段岩性特征、岩体纵横向变化及所含古生物化石、沉积构造等沉积相标志，分析其沉积环境。

(2)绘制沉积相序剖面图。

2. 唐家河剖面筇竹寺组沉积相剖面观察小层及观察分析要点

本剖面位于唐家河候车站公路上行约 500m，筇竹寺组顶部沉积共 8 个小层，厚 31.17m。主要为青灰色薄层、薄—中层状含钙泥质粉砂岩、粉砂质泥岩，根据岩性及沉积构造等特征确定为浅海陆棚相沉积。观察的相标志要点及相分析内容如下。

1)1 层(3.5m)

观察内容：岩性、颜色及成层性；沉积构造及沉积物粒序变化。

分析内容：沉积环境及水动力条件。

2)2 层(7.8m)

观察内容：岩性、颜色及成层性；地层的岩性组合；由下向上，沉积旋回；沉积构造。

分析内容：沉积环境及水动力条件；与第一层对比，分析其沉积的异同点，并思考原因。

3)3 层(0.9m)

观察内容：岩性、颜色及成层性；沉积构造及沉积物粒序变化。

分析内容：沉积环境及水动力条件。

4)4~6 层(厚度分别为 2.77m、4.53m、4.63m)

观察内容：岩性、颜色及成层性；岩性组合特征；寻找最小层序；沉积构造分析(特别是寻找有无冲刷充填构造)。

分析内容：泥质岩类沉积时水体深浅；每个层段岩层的下部与上部的差异及其说明的问题；钙质含量的变化反映的问题；根据相标志分析沉积环境，并与前三层对比其差异。

5)7、8 层(厚度分别为 1.74m、5.3m)

观察内容：岩性、颜色及成层性；岩石组合类型。

分析内容：分析小层沉积环境及水动力条件；总结该段沉积特征，绘制沉积相序图。

3. 唐家河剖面仙女洞组沉积相剖面观察小层及观察分析要点

本剖面仙女洞组主要为角砾状灰岩、泥晶灰岩、砂屑灰岩、鲕粒灰岩，总厚 97.77m；根据岩性、古生物化石、沉积构造相等标志确定为台缘斜坡、台地边缘丘(滩)-涨潮三角洲相沉积。观察的相标志要点及相分析内容如下。

1)9～17 层(厚 34.85m)

仙女洞组该段主要为角砾状灰岩、泥晶灰岩、砂屑灰岩，塌积岩发育，根据这些典型相标志，确定该段为浅海陆棚相到台地相的过渡环境——斜坡沉积。

观察内容：岩性、颜色、粒度、分选、磨圆及产状、岩石成层性及横向展布特征，岩石组合特征；不同产状的岩石颜色及成分的差别；砾石的大小、形状、成分、排列方式及纵横向变化趋势(9 层)；是否含有海相自生矿物海绿石(9 层)；砾岩条带的砾石成分、基质成分及支撑形式，砾岩条带的横向延展性及与上下岩层的接触关系(13 层)；沉积构造类型；粒序的变化；胶结物的类型等。

分析内容：综合整段的岩性、颜色、岩层产状的变化，岩石组合类型、沉积构造、岩石粒度、分选、磨圆等特征，对该段地层的水动力条件、沉积环境及沉积作用过程进行分析，确定该剖面是浅水沉积还是深水沉积或是过渡的斜坡沉积，确定下斜坡过渡为上斜坡的岩性变化；分析整个剖面的旋回性，划分沉积旋回，确定不同沉积旋回纵横向变化特征；综合整段资料，分析其沉积模式，绘制沉积相序图。

2)18～60 层(厚 62.92m)

仙女洞组该段岩性变化较大，既有混积岩沉积，又有碳酸盐沉积；根据其典型的相标志，确定该段为台地边缘丘(滩)-涨潮三角洲相沉积。

观察内容：岩性、颜色、岩性组合及横向展布特征，沉积构造特征，特别是各种交错层理和粒序层理、冲刷面等。

分析内容：综合整段的岩性、颜色、岩层产状的变化，岩石组合类型、沉积构造，对该段地层的水动力条件、沉积环境及沉积作用过程进行分析，并确定灰泥丘的叠置迁移特征；对仙女洞组(9～60 层)进行沉积特征及相标志的总结，分析其沉积模式，编绘沉积相序图。

4. 红沙河剖面阎王碥组沉积相剖面观察小层及观察分析要点

本剖面阎王碥组主要为钙质细砂岩、泥质粉砂岩、粉砂质泥岩及砾岩，总厚65.22m（61～104层）；根据岩性、岩性组合、沉积构造等相标志确定为泻湖-三角洲沉积。观察的相标志要点及相分析内容如下：

观察内容：颜色、岩性、岩性组合，陆源物质所占比例，砂泥比例，砂体粒序，二元结构特征，沉积构造等特征。

分析内容：综合整段的岩性、颜色，岩石组合类型、沉积构造，对该段地层的水动力条件、沉积环境及沉积作用过程进行分析，分析水上还是水下沉积，确定沉积微相，并绘制沉积相序图。

5. 红沙河剖面龙王庙组沉积相剖面观察小层及观察分析要点

本剖面龙王庙组主要为亮晶砂屑白云岩、泥晶白云岩、泥质粉砂岩、钙质细砂岩、泥岩、粉砂岩，总厚94.82m（105～136层），除105层约8m被植被覆盖不易观察外，其余小层特征明显；根据岩性、岩性组合、沉积构造等相标志确定为辫状河-冲积扇沉积。观察的相标志要点及相分析内容如下：

观察内容：颜色、岩性、岩性组合，层理构造，粒序变化特征，交错层理类型，各交错层理的特征，二元结构是否发育；砾石成分、大小、分选、排列及变化特征。

分析内容：各种交错层理的水动力条件有何差异；二元结构发育程度代表什么；物源方向是什么、供给方向在哪里；综合整段的岩性、颜色，岩石组合类型、沉积构造，对该段地层的水动力条件、沉积环境及沉积作用过程进行分析，并绘制沉积相序图。

第四章 野外地质工作方法与技能

第一节 普通地质工具的使用方法

一、地质罗盘的使用

地质罗盘(简称罗盘)是野外地质工作中必不可少的工具。

地质罗盘主要用途可供:

(1)测产状。包括走向、倾向、倾角。

(2)地形草测。包括定方位(即交会定点)、测坡角、定水平。

(3)测垂直角。地质罗盘是利用一个磁性物体(即磁针)具有指明磁子午线一定方向的特性,配合刻度环的读数,可以确定目标相对于磁子午线的方向。根据两个选定的测点(或已知的测点),可以测出另一个未知目标的位置。

(一)地质罗盘的结构

罗盘式样很多,但结构基本是一致的,我们常用的是圆盆式地质罗盘。其主要构件有:磁针、顶针、制动器、方位刻度盘、水准器(圆盘形、柱形各一个)、倾斜度针(桃形针)、底盘(倾角刻度盘,0°~90°)等。方位刻度盘一般以全方位角标注,以 N 为 0°,从 0°~360°逆时针刻制;也有以象限为方位角的(老式罗盘仪)。由于磁针始终指向南北方向,当罗盘仪顺时针旋转时,磁针相对作逆时针转动,因此罗盘仪上的东西方向与实际相反。刻度盘上的 N 表示北(为 0°),E 表示东(为 90°),S 表示南(为 180°),W 表示西(为 270°)。方位刻度盘的内圈有倾角刻度盘,刻度盘上与东西线(E—W)一致的为 0°,与南北线(S—N)一致的为 90°。底部刻度盘用来量测岩层倾角。圆盘形水准器分别用来测方位角和柱形水准器倾角时以保持水平。

另外，罗盘还带有几个照准器，长照准器、小照准器、反光镜（上有椭圆小孔）及镜面中心线，用以瞄准观测目标（图 4-1）。

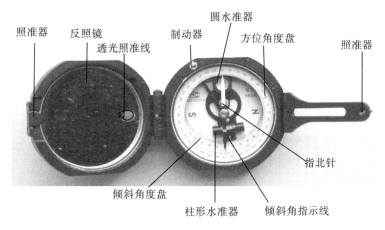

照准器　反照镜　　　制动器　圆水准器　方位角度盘　　照准器
　　　　透光照准线
　　　　　　　　　　　　　　　　　　　　　　　　　　指北针
倾斜角度盘　　柱形水准器　倾斜角指示线

图 4-1　地质罗盘结构图

由于我国处于北半球，在与地磁线平行时，南北两针不在一个平面上，故在南磁针上用铜丝加重，维持水平。制动器按下时，以制动顶针，使磁针固定便于读数；在不使用时制动器被罗盘仪盖压下也可使磁针固定，以延长罗盘仪的使用寿命。

（二）地质罗盘的使用方法

1. 使用前的校正

在使用前必须进行磁偏角的校正。

因为地磁的南、北两极与地理上的南北两极位置不完全相符，即磁子午线与地理子午线不相重合，地球上任一点的磁北方向与该点的正北方向不一致，这两方向间的夹角叫磁偏角。

地球上某点磁针北端偏于正北方向的东边叫作东偏，偏于西边称西偏。东偏为（＋）西偏为（－）。

地球上各地的磁偏角都按期计算，公布以备查用。若某点的磁偏角已知，则一测线的磁方位角 $A_磁$ 和正北方位角 A 的关系为 A 等于 $A_磁$ 加减磁偏角。应用这一原理可进行磁偏角的校正，校正时可旋动罗盘的刻度螺旋，使水平刻度盘向左或向右转动（磁偏角东偏则向右，西偏则向左），使罗盘底盘南北刻度线与水平刻度盘 0°～180°连线间夹角等于磁偏角。经校正后测量时的读数就为真方位角。

2. 测方位

用罗盘测方位定点就是测定前方与后方交会方向。首先找到远近合适、标志清楚的点(三脚架、尖峰、建筑物、高压线杆等)。由长照准器支撑反光镜，眼睛视线穿过长照准器中线和反光镜圆孔中线。并把视线对准远处目标，观察反光镜中圆形水泡，使其居中，最后读北针所指的数，就是测量点在标志点的所在方位。再另寻一个标志点，重复上述步骤，可得到测量点在另一标志点的所在方位。然后把这两个方位数值投影到地形图上，方位线交点即测量点。注意两方位线的交角应不能太小。

3. 测地形坡度

先将磁针锁住，右手握住罗盘外壳和底盘，长照准合页在测者一方，将罗盘底座平面直立，垂直角刻度盘位于下方。将长照准合页的顶端小圆孔置于眼前，调节上盖和长照准合页，使从长照准合页上孔中看到目标被反光镜椭圆孔的中分线所平分时，右手中指调节底座下的垂直角把手直至从反光镜中观察到长水准器气泡居中。取下罗盘读取垂直角指针尖所指度数，即为该目标的垂直角。若垂直角指针偏反光镜一侧为俯角，偏长照准合页一侧为仰角。

如果直接测某一坡面的坡角，则与测岩层倾角相同，只需把上盖打开到极限位置，将罗盘侧边直接放在该坡面上，调节长水准器使气泡居中，读出角度，即为该坡面的坡角。

4. 测产状要素

岩层等面状构造的空间位置由产状要素表示。岩层的产状要素包括岩层的走向、倾向和倾角。测量岩层产状是野外地质工作的最基本的工作方法之一，必须熟练掌握。用地质罗盘测量产状的方法如下(图 4-2)。

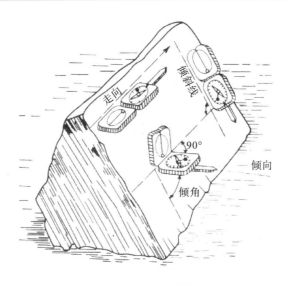

图 4-2　岩层产状及其测量方法

1)岩层走向的测定

测量时将罗盘上盖打开到极限位置，用开关放松磁针，调好本地区的磁偏角，将仪器两个长边靠在岩层的特征面(具有代表性的岩层面)，然后转动罗盘，保持圆水泡居中，则读磁针北极所指示的度数即岩层的走向。

因为走向是代表一条直线的方向，它可以两边延伸，南针或北针所读数正是该直线之两端延伸方向，如 NE30°与 SW210°均可代表该岩层之走向。

2)岩层倾向的测定

测量时，用联结合页下边的底盘的短边靠稳岩层的特征面，保持圆水泡居中，则读磁针北极所指示的度数即岩层的倾向。

或用上盖背面贴紧岩层特征面，保持圆水泡居中，则读磁针北极所指示的度数，即为岩层的倾向。

假若在岩层顶面上进行测量有困难，也可以在岩层底面上测量，仍用对物觇板指向岩层倾斜方向，罗盘北端紧靠底面，读指北针即可，假若测量底面时读指北针受障碍时，则用罗盘南端紧靠岩层底面，读指南针亦可。

3)岩层倾角的测定

测量时先用开关将罗盘磁针锁住，上盖打开到极限位置，将罗盘直立，并以长边靠着岩层的真倾斜线，沿着层面左右移动罗盘，并用中指搬动罗盘底部之活动扳手，使测斜水准器水泡居中，读出垂直角磁针所指最大读数即岩层之真倾角。

4)岩层产状的记录方式

岩层产状的记录方式有两种方法,即象限角法和方位角法(图 4-3)。

(a)象限角法

以东、南、西、北为标志,将水平面划分为四个象限,以正北和正南方向为 0°,正东和正西方向为 90°。一般按走向、倾角、倾向的顺序纪录。例如:N45°E/30°SE,表示该岩层产状走向为北向东偏 45°,倾角为 30°,倾向为南东。

(b)方位角法

将水平角按顺时针方向划分为 360°,以正北方向为 0°。一般按倾向、倾角的顺序记录。例如:135°∠30°,表示该岩层的倾向是 135°(由北开始顺时针数 135°),倾角 30°。

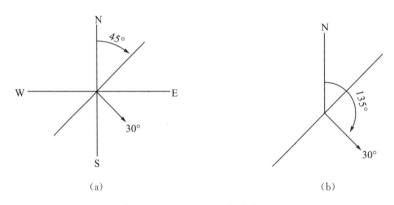

图 4-3　象限角法和方位角法

二、放大镜的使用

手持放大镜是野外工作必备的工具之一,通常使用的放大镜放大 5 倍、放大 5~10 倍和放大 10~20 倍三种类型。放大倍数越大的放大镜,其镜片的曲面半径越小,焦距越短,景深也越小,只有把放大镜置于非常靠近眼睛的位置才能清晰地看到放大现象,因此必须正确地掌握放大镜的使用方法。使用放大镜观察岩石、矿物、生物化石及其结构和构造时,一般左手持需要观察的标本,右手的大拇指和食指夹持打开的放大镜,右手的中指轻轻地压在被观察物表面上,始终与左手呈不离不弃之势。同时移动左右手,使放大镜靠近眼睛至看到放大的现象为止,与此同时可微微弯曲中指,调解放大镜与观察物之间的距离即可得到最佳稳定、清晰放大后的现象。

三、地质锤的使用

地质锤是地质工作的基本工具之一，选用优质钢材或钢头木柄制成。地质锤头一端呈长方形或正方形，另一端呈尖棱形或扁楔形。使用时，一般用方头一端敲击岩石，使之破碎成块；用尖棱或扁楔形一端沿岩层层面敲击，可进行岩层剥离，有利于寻找化石和采样；也用于整修岩石、矿石等标本，使之规则化，便于包装。在完整岩石露头上，用尖头或扁楔形一端楔，用另一把地质锤敲击，可在岩石表面开凿成槽，便于采取岩矿、化石样品。此外，还可利用尖头或扁楔形一端进行浅处挖掘，除去表面风化物、浮土等。

第二节　岩石的野外观察与描述

岩石是各种地质作用发生的物质基础，也是构成地壳的物质形式。根据岩石的成因不同，岩石可以分为三类：沉积岩、岩浆岩和变质岩。每一类岩石根据其特征还可进一步细分更为具体的岩石类型（表 4-1）。在野外正确辨认和描述常见的岩石类型，是地质实习中必须掌握的基本技能，主要是通过对岩石露头的物质组成及内部特征的观察，区分出不同成因及不同类型的岩石。

表 4-1　常见岩石类型划分表

沉积岩		岩浆岩		变质岩	
碎屑岩	砾岩、砂岩、泥岩、页岩	喷出岩	玄武岩、安山岩、流纹岩	区域变质岩	板岩、千枚岩、片岩、片麻岩
化学沉积岩	灰岩、白云岩、硅质岩	浅成侵入岩	辉绿岩、安山岩、花岗斑岩	接触变质岩	大理岩、角岩
生物沉积岩	生物碎屑岩	深成侵入岩	橄榄岩、辉长岩、闪长岩、花岗岩	动力变质岩	断层角砾岩、碎裂岩、糜棱岩
				混合变质岩	混合岩

野外鉴定岩石的基本方法大致分三个步骤进行：

（1）根据岩石的露头特征和构造面貌，初步判断岩石的大类（沉积岩，或岩浆岩，或变质岩）。

（2）根据岩石颜色、成分、结构、构造等特征，基本确定岩石的类型（三大岩类的细分)。其中,应注意变质岩中还包括一些特征的变质矿物及其组合,有无定向性等;沉积岩中颗粒的分选和磨圆等特征;岩浆岩中岩体的产状及其与围岩的接触关系等。

(3)结合岩石的产状和接触关系,最终对岩石进行命名。

一、岩浆岩的野外观察与描述

岩浆岩是岩浆冷凝形成的岩石,岩浆岩是组成地壳的重要岩石类型之一。可按形成位置分为侵入岩和喷出岩。按岩浆岩中 SiO_2 的含量,岩浆岩主要分为超基性岩浆岩(SiO_2:$<45\%$)、基性岩浆岩(SiO_2:$45\%\sim52\%$)、中性岩浆岩(SiO_2:$52\%\sim65\%$)、酸性岩浆岩(SiO_2:$>65\%$)。岩浆岩的基本特点如表 4-2 所示。

表 4-2　常见岩浆岩基本特征表

岩石类型		超基性岩类	基性岩类	中性岩类	酸性岩类
结构、构造	岩石产状	岩石名称			
斑状、隐晶质或玻璃质结构,气孔、杏仁、流纹、块状构造	喷出岩	苦橄岩 苦橄玢岩	玄武岩	安山岩	流纹岩
全晶质、等粒结构,斑状或似斑状结构,伟晶、细粒结构,块状构造	侵入岩 浅成岩		辉绿岩 辉绿玢岩	闪长玢岩	花岗斑岩
		伟晶岩(伟晶结构)			
全晶质粗—中粒等粒或似斑状结构块状、带状构造	侵入岩 深成岩	纯橄榄岩 橄榄岩 辉石岩 角闪石岩	辉长岩	闪长岩	花岗岩
矿物成分	石英	无	无或很少	0~20%	>20%
	长石	无或很少斜长石	斜长石为主	斜长石为主,可含钾长石	钾长石 > 斜长石
	铁镁矿物	橄榄石,辉石 >90%	辉石为主,橄榄石、角闪石、黑云母少	角闪石为主,辉石、黑云母次之	黑云母为主,角闪石、辉石次之

(一)岩浆岩的野外观察与描述内容

岩浆岩的野外观察与描述内容包括岩石颜色,矿物成分及其含量、结构及其产出状态等内容。

1. 颜色

主要观察描述新鲜岩石的整体颜色，同时估计岩石的颜色深浅程度。决定岩石颜色的主要因素是其中暗色矿物的含量比，即色率：指岩浆岩中暗色矿物的含量（体积百分数）。超基性岩石的色率大于 90，基性颜色的色率为 40～90，中性岩石的色率为 15～40，酸性岩石的色率小于 15。

2. 矿物成分及含量

用放大镜辨认矿物，并对其形态、物理性质及含量等进行观察描述。岩浆岩中最常见的矿物是长石（正长石和钾长石）、石英、角闪石、云母、辉石、橄榄石。需注意各浅色矿物间及深色矿物间的区别。

岩浆岩分类是根据 SiO_2 含量百分比确定的，而 SiO_2 含量可在岩石矿物成分上反映出来。如岩石中含大量石英，则属于酸性岩；如果含大量橄榄石，则属超基性岩；如果只有微量或根本没有石英和橄榄石，属中性岩或基性岩。对矿物形态、大小、光泽、硬度等特征要做描述，估计每种矿物的百分含量，确定是主要矿物还是次要矿物，因矿物的含量决定岩石的命名。

在岩浆岩中石英与长石常共生。石英常无色，常呈他形粒状，明显凸起，断面油脂光泽，无解理；长石颜色呈白色、肉红色，晶形较好，半自形板状，表面玻璃光泽，有解理，易风化，形成白色土状高岭石。角闪石与辉石的区别：角闪石呈长柱状，解理面夹角为钝角和锐角，常与石英、斜长石、黑云母共生；辉石常呈短柱状，解理面夹角近直交，常与基性斜长石、橄榄石共生。角闪石与黑云母容易混淆，其区别在于，角闪石硬度大于小刀，用小刀刻划只能得到破屑状颗粒，解理面上为玻璃光泽；而黑云母硬度小于小刀，用小刀刻挑成薄片，解理面具有珍珠光泽，角闪石常具绿色色调，而黑云母常具褐色色调。

3. 结构

岩浆岩的基本结构类型是晶粒结构。观察描述时可按结晶程度（分为全晶质、半晶质和玻璃质）、粒度（分为巨粒、粗粒、中粒、细粒、微粒和稳晶质）、相对大小（分出等粒、不等粒、斑状、似斑状结构，以及斑状、似斑状结构中斑晶成分和大小、基质成分、结晶程度等）、颗粒间的相互关系（如文象结构、辉绿结构等）的顺序进行。

4. 构造

岩石的构造是指岩石的宏观特征，用肉眼即可观察。常见的岩浆岩构造有：块状构造、条带状构造、流纹构造、气孔构造、杏仁构造、斑杂构造、流动构造及节理构造等。

5. 其他特征

如次生变化、岩体产状、与其他岩体的关系等都尽量描述。

(二)岩浆岩的野外定名

按岩浆岩的颜色、结构、构造、矿物成分及含量、其他特征等的观察描述完后，要对岩浆岩进行野外定名。

岩浆岩的野外定名，首先应按野外观察的岩石空间产状、表面特征、结构、构造特征等区别出喷出岩、浅成侵入岩与深成侵入岩，再按颜色、矿物成分等特点定出具体名称。野外工作中习惯在岩石基本名称前加上颜色、结构等特征。如灰白色似斑状花岗岩。

(三)岩浆岩描述实例

浅灰色中粒石英闪长岩：浅灰色，色浅。中粒等粒结构，粒径 1～3mm。块状构造。其中：斜长石为灰白色，玻璃光泽，粒径 1.5mm×3mm 左右，约 50%；钾长石，浅肉红色，玻璃光泽，自形程度次于斜长石，可见双晶，约 20%；石英，乳白色，油脂光泽，粒状，粒径 1mm 左右，约 12%；角闪石，黑—暗绿色，玻璃光泽，长柱状，大小 1mm×3mm～1.5mm×3mm，约 7%；黑云母，暗黑色，珍珠光泽，板片状，大小约 2mm 左右，约 9%。

实习区常见的岩浆岩主要是花岗岩、闪长花岗岩、辉长岩、闪长岩及辉绿岩等。

二、沉积岩的野外观察与描述

沉积岩是组成地球岩石圈的三大类岩石之一，是在地壳表层条件下，由母岩的风化产物、火山物质、有机物质等沉积岩的原始物质成分，经搬运作用、沉积作用以及沉积后作用而形成的一类岩石。沉积岩野外观察与描述，首先应确定所属沉积岩类型，再观察描述其颜色、物质成分、结构、构造等特征。沉积岩的这些特征与沉积环境、母岩性质、形成过程有重要的关系。因此，描述的准确及详细程度直接影响着从沉积岩形成到沉积环境的初步推断的准确程度。

（一）沉积岩的野外观察

1. 沉积岩类型的野外识别

常见的沉积岩类型有碳酸盐岩、碎屑岩和硅质岩。而在地表分布最广的是碳酸盐岩和碎屑岩。碳酸盐岩与碎屑岩、硅质岩两类岩石的野外区别是：碳酸盐岩硬度不大，大多结构细腻、致密，相对硬度约介于小刀与指甲之间，加稀盐酸有较强烈的起泡现象（石灰岩）或大多数情况下新鲜面上为灰白色或浅粉褐色、风化表面具刀砍纹和松散的糖粒状等特征（白云岩）；硅质岩的结构细腻、致密，岩石坚硬（大于小刀），加稀盐酸不起泡；碎屑岩中的黏土岩结构也较细腻，但一般较软，遇水变为泥状，且分布广泛。碎屑岩中具碎屑结构的砾岩、砂岩、粉砂岩的特征为：断面较粗糙，或有颗粒与填隙物之分，一般可分辨出石英、长石、云母矿物碎屑和岩石碎屑。砾岩、砂岩、粉砂岩的确定依据是砾石、砂、粉砂粒级颗粒的含量（具体确定方法参见教科书碎屑岩粒度分类部分）。

沉积岩大类按以上方法确定后，再按需要根据野外观察的岩石空间产状、表面特征、颜色、矿物成分、结构、构造等具体特点进一步分类命名。

2. 沉积岩特征的野外观察

通常在野外对沉积岩的特征进行观察描述的内容包括岩石颜色、物质成分和含量、结构特征、沉积构造、岩层厚度、其他特征等方面。

1)颜色

沉积岩的颜色五彩缤纷，与其内部成分、形成环境都有关系。要观察岩石的整体颜色，注意区分原生色与次生色，尽可能观察描述岩石新鲜面上的颜色。

2)岩石物质成分的观察和含量的估计

岩石物质成分需要借助放大镜仔细观察，并使用小刀、稀盐酸(5%～10%)共同观察。学会识别石英碎屑、长石碎屑、岩屑、黏土矿物、碳酸盐岩中的方解石、白云石，以及碳酸盐岩的颗粒类型等。在对各组分含量作估计时，肉眼条件下允许估计一个含量范围。

以下为沉积岩各种物质组成的识别特征：

石英碎屑：乳白色或无色，碎屑状，油脂光泽，无解理，硬度大于小刀。

长石碎屑：灰白色(斜长石)或肉红色(正长石)，玻璃光泽或土状光泽，常可见两组解理(颗粒的断面呈阶梯状或具有平直边界)，硬度大于小刀，但风化后可呈土状集合体，其硬度小于小刀。

岩屑：其特征依岩性而异。常见的燧石岩屑为黑色，暗淡光泽，碎屑状，硬度大于小刀。

黏土矿物：极细小，放大镜下不可辨晶形，硬度小于指甲，粉末遇水具有可塑性和膨胀性。

方解石：沉积岩中方解石一般呈隐晶或微晶状，放大镜下不能辨出其晶形，但硬度小于小刀，大于指甲，加稀盐酸起泡剧烈。当重结晶作用强烈或呈脉状产出时，可见其晶体形状。

白云石：常为灰白色带浅红褐色调，风化后可呈较疏松的微粒或细粒状。放大镜下结晶较好者可见较好晶形和解理，硬度介于小刀与指甲之间，加稀盐酸不起泡，但其粉末加稀盐酸有起泡反应。

黄铁矿：可见立方体晶形，黄色，强金属光泽，硬而脆，条痕为绿黑色，无解理，岩石中含量少，基本上呈分散状分布在岩石中。

碳质：黑色，染手。

3)结构特征

根据观察到的结构特征区别碎屑结构、粒屑(颗粒)结构、生物骨架结构、黏土结构、晶粒结构，再进一步确定碎屑颗粒的大小或粒度、分选性、磨圆度、颗粒形态、结构、组分间的量比关系、胶结类型。

碎屑结构按照碎屑颗粒的粒度（碎屑颗粒粒度分级见表 4-3）及含量可分为砾状结构（砾含量大于 50%）、砂状结构（砂含量大于 50%）、粉砂状结构（粉砂含量大于 50%）。砂状结构又分为粗砂结构（粗砂含量大于 50%）、中砂结构（中砂含量大于 50%）和细砂结构（细砂含量大于 50%）。

表 4-3　碎屑颗粒粒度分级

粒　　级		粒径/mm
砾　　石		~>2
砂	粗　　砂	0.5~2
	中　　砂	0.25~0.5
	细　　砂	0.1~0.25
粉　　砂		0.03~0.1
杂　　基		<0.03

肉眼下碳酸盐岩的粒屑（颗粒）结构中常见的颗粒类型有内碎屑、鲕粒、生物碎屑或生物化石、团粒。内碎屑按其碎屑大小分为砾屑、砂屑、粉屑以及泥屑，见表 4-4。

碳酸盐岩的晶粒结构按晶体颗粒的大小分为砾晶、砂晶、粉晶和泥晶结构，见表 4-2。

表 4-4　碳酸盐岩粒级的划分及命名（据冯增昭，1992）

粒径/mm	碳酸盐岩中的内碎屑	碳酸盐岩中的晶粒
2.0	砾屑	砾晶
	砂屑	砂晶
0.10		
	粉屑	粉晶
0.005		
	泥屑	泥晶

颗粒的分选性：在肉眼下分三级：好、中、差。依据主要颗粒的均一程度进行判断。

颗粒的圆度：与圆度图谱比较确定，一般分为棱角、次棱角、次圆和圆四级。

碎屑岩的填隙物：依颜色和岩石硬度大致判断。硅质胶结物：多为白色，硬度大，小刀刻不动；钙质胶结物：多为白色，硬度中等，加稀盐酸剧烈起泡；铁质胶结物：多红褐色，硬度稍小；泥质胶结物：多呈土状，疏松，硬度小，但应考虑风化作用的影响。

具粒屑结构的碳酸盐岩的填隙物：碳酸盐岩的填隙物有亮晶（胶结物）和泥晶（基质）之分。前者常出现在颗粒含量高的岩石中，其表面粗糙，胶结物晶体较大，放大镜下有时可辨其为半透明状、玻璃光泽之晶体，干净，常为白色；后者出现在颗粒含量低的岩石中，较致密，阴暗、污浊不透明，常呈浅褐色，贝壳状细腻断口，重结晶后断面上变粗糙。

4）沉积构造

按沉积构造的发育位置，有层面构造和层理构造。常见层面构造有波痕、泥裂（干裂）、虫迹、重荷模等。常见层理构造有递变层理（粒序层理）、各种交错层理（斜层理）、波状层理、水平层理、平行层理等。其特征参见教科书相应部分，在此不加以叙述。

对于斜层理的观察，注意观察其形态、产状、细层或层理厚度；注意观察波痕的波长、波高、对称情况等。它们的特征反映了沉积介质类型和动力特征，所以应仔细观察。

观察、描述沉积构造过程中，还应对沉积构造作素描图或拍照、采集沉积构造标本。

5）化石

含化石是沉积岩独有的特征，化石既是反映环境的相标志又能提供地层的年代信息，对于沉积环境的分析和地层时代的确定具有重要意义。因此应观察化石的类型、含量及保存状况，并系统采集化石标本。

6）岩层的厚度

沉积岩均具有成层性，所谓的单层厚度是指上下层面之间的垂直距离。依层面发育情况和岩性差异将单个岩层划分为：

块状层：厚度>2.0m；

厚层：2.0～0.5m；

中厚层：0.5～0.1m；

薄层：0.1～0.01m；

极薄层(或称页状)：厚度<0.01m。

单层厚度可以反映沉积物的沉积速率、沉积物的供给以及盆地的稳定性、水深变化等方面的信息。沉积体的几何特征包括剖面上所呈现出的透镜状、板状、楔状及平面上大范围的席状、扇状、带状等，其与成因、沉积机制、沉积环境密切相关。

7)接触关系

接触关系就是岩层之间的层面的特征，观察是隐性还是显性，平直还是波状起伏，界面上岩性的变化是突变还是渐变，上下岩层的产状是平行还是呈角度相交，界面之下的岩层有无被侵蚀、风化的特征。小到单层之间，大至群组之间，其接触关系都是需要重点观察的对象。

8)岩石组合特征

岩石组合特征是指在剖面上，不同颜色、层厚、结构类型的岩石沿垂向的变化，通过详细观察，找出它的各种组合特征及变化规律。这种有规律的组合称为基本层序。不同类型的基本层序反映的是不同的沉积环境和不同的沉积机制，厚度较大的地层通常是一种或几种基本程序的重复而已。

9)其他特征

含有机质、含矿情况，孔洞发育情况，岩性变化情况等。

(二)沉积岩的野外描述要点与定名

1. 粗碎屑岩野外描述内容与定名

碎屑岩，尤其是粗碎屑岩的野外主要描述内容包括颜色、单层层厚、岩石名称、碎屑成分及含量、结构特征(碎屑大小、磨圆程度、分选性、填隙物类型及含量)、沉积构造类型与特征、次生变化等其他特征。

粗碎屑岩的定名首先依据其粒级大小分为砾岩、砂岩后，再根据需要按矿物成分或粒度确定具体名字。其定名原则见教科书相应章节。

粗砂屑岩的野外定名一般在其按教科书定名后的名字前加上颜色、单层厚度、粒级等，如紫红色厚层中粒长石石英砂岩。

粗碎屑岩描述实例

灰色厚至块状中粗粒岩屑长石质石英砂岩：灰色，风化表面浅黄褐色。

单层厚 0.8～2.5m。石英碎屑 65％ 左右，粒径 0.4～0.6mm，次棱角至次圆状。长石碎屑 20％ 左右，粒径为 0.5～0.7mm，部分风化成黏土。岩屑 10％ 左右，主要是黑色燧石岩屑，次棱角状，分选中等。泥质胶结。斜层理发育，细层厚数毫米，槽形，多倾向南，层系厚 0.4～0.6m，槽形。岩石较易破碎。

2. 黏土岩及粉砂岩野外描述内容与定名

黏土岩的主要成分是黏土矿物。黏土矿物极细小，因此着重描述岩石颜色、单层厚度、所含碎屑及其他可鉴定成分的类型及含量、沉积构造和次生变化等。

黏土岩的野外定名按其颜色、次要成分以及构造特征定名。具有页理构造的黏土岩，其基本名字定为页岩；无页理构造的黏土岩基本名定为泥岩。如灰色碳质粉砂质页岩。

黏土岩描述实例

紫红色钙质含粉砂质泥岩：紫红色，厚至块状层，含细粉砂(15％左右)，加稀盐酸起泡剧烈，层理不发育，易受风化侵蚀，地貌上多呈缓坡与凹槽。

黑色页岩：黑色至灰黑色，中至薄层状，水平层理发育，细层厚 1～3mm。岩层内见菱铁矿结核(5％)，为 0.5～0.2cm，扁豆状至扁圆状，顺层分布，部分切穿层理，风化面上为红褐色，密度大。岩石中见少量细小黄铁矿晶体，含有机质，偶见碳化植物碎片。

3. 碳酸盐岩野外描述内容与定名

1)碳酸盐岩主要描述内容

A. 颜色

颜色的观察与碎屑岩观察内容相似。

B. 结构

仔细观察其结构，区分出其结构是粒屑结构，还是晶粒结构或生物骨架结构。若是粒屑结构，就进一步观察粒屑的类型和胶结物类型，并估计粒屑含量。内碎屑内部结构均一，由泥晶方解石组成，外部虽经一定磨圆，但一般圆度不好；鲕粒内部有鲕心和鲕皮之分；团粒内部色深，圆度好；生物碎屑的外部棱角清楚，在强光下各个碎片常闪闪反光；生物化石具有特殊的生物形态和构造。

若岩石为晶粒结构，则应估计其为何种晶粒结构。常见的有泥晶结构，其结构致密，常呈贝壳状断口。

C. 矿物成分

加稀盐酸于岩石上，若强烈起泡，即岩石以方解石为主（岩石为石灰岩）；若起泡后留下泥膜，则矿物成分以方解石和黏土矿物为主（岩石为泥灰岩或灰质泥岩）；若微弱起泡，结构致密，色呈灰白色，则以白云石为主（岩石为白云岩）。

D. 沉积结构、构造类型与特征

E. 次生变化

2）碳酸盐岩的野外定名

先按矿物成分定出基本名称，再进一步按结构命名。如：一岩石加稀盐酸强烈起泡，具粒屑（颗粒）结构，粒屑为鲕粒，其含量为70%，填隙物为泥晶，占30%，则该岩石为鲕粒灰岩或灰泥（或泥晶）鲕粒灰岩。

碳酸盐岩的野外定名与其他沉积岩相同，一般也应在上面所述命名的前面加上颜色和岩层厚度。如灰白色厚层泥晶鲕粒灰岩。

3）碳酸盐岩描述实例

具粒屑结构的碳酸盐岩的描述按上述主要描述内容，可仿照碎屑岩格式进行描述，泥晶灰岩类可仿照黏土岩类格式进行描述。举例如下。

浅灰色中至厚层亮晶鲕粒灰岩：浅灰色、单层厚0.4~0.8m；粒屑结构，粒屑为鲕粒，鲕粒含量约占85%，粒径0.3~0.5mm，见同心层，风化表面更明显；分选好；亮晶胶结；层面常发育对称波痕、截顶波痕，波长15cm左右，波高2~2.5cm；缝合线发育，多平行于层面，地貌上多呈凸梁和崖坎。

灰色中至厚层生物泥晶灰岩：灰色至浅灰色，单层厚0.3~0.9m；泥晶结构，由泥晶方解石组成（加稀盐酸强烈起泡）；含生物化石（约20%），主要为𝝴、腕足、海百合茎，并可见珊瑚、苔藓虫、有孔虫等，化石一般完整，分布欠均，局部集中成团；岩石中含少许深灰色燧石团块，大小5~20cm，呈不规则状；局部有缝合线，且偶见沥青充填；后期方解石脉发育，有三期，偶见小晶洞。

三、变质岩的野外观察与描述

变质岩石指地壳中早先形成的岩石经过变质作用后形成的新岩石。变质岩的野外观察描述与岩浆岩、沉积岩类似，也主要从颜色、成分、结构、构造、次生变化等方面来进行研究。通常按照其特征分为两大类。一类是具有特殊的定向构造，进一步分为板状构造、千枚状构造、片状构造和片麻状构造等，这一类按照变质岩构造命名；另一类是无明显定向构造，结晶程度也有差异，但多形成一些特殊的变质矿物及矿物组合，如大理岩、矽卡岩，也有按变质矿物的名称命名的，如蛇纹岩、石英岩等。其观察描述方法如下。

1. 颜色

指岩石总体颜色(如灰色、浅绿色等)，尤其注意浅色矿物与深色矿物的相对比例，这与岩石定名关系密切。

2. 矿物成分

在对变质岩进行观察描述时，要观察描述肉眼和放大镜能辨认的所有矿物，注意观察其颜色、光泽、解理、硬度、形态、大小等鉴定特征，目估各种矿物的百分含量。矿物描述的顺序是：具有斑状变晶结构的，先描述变斑晶，后描述变基质；不具斑状变晶结构时，按照矿物的含量，由多到少依次描述。其中要特别注意特征变质矿物的观察和鉴定，以便为恢复原岩、分析变质作用的物理化学条件和变质作用强度提供依据。

描述举例：绢云母石英片岩：灰白色，具片理构造，斑状变晶结构，主要的组成矿是白云母、绢云母，含量60%以上，此外还有酸性斜长石，石英含量多于酸性斜长石。石英为粒状、灰白色，目估含量30%左右。斜长石为粒状，灰白色，目估含量10%左右。

3. 结构

变质岩的结构主要变余结构、变晶结构、碎裂结构、变余构造、变成构造等。在对变质岩结构进行观察时，首先确定其结构大类，然后再进一步定出结构的具体名称，如变晶结构则可根据变晶矿物的粒度、形状、相互关系等确定为粒状变晶结构、纤维变晶结构等。

当一种岩石同时具有几种不同的结构构造时，可分清主次，采用综合描述的方法，即把次要结构构造放在前面，主要结构构造放在后面。如纤维鳞片变晶结石、鳞片花岗变晶结构、千枚板状构造等。对于斑状变晶结构的观察，除了观察变斑晶与基质的相互关系外，还应观察描述变斑晶和基质本身的结构，如基质的重结晶程度、粒度大小，以及变斑晶中有无包裹体等。例如其石榴二云片岩，则是基质具花岗鳞片变晶的斑状变晶结构。

4. 构造

变质岩常见的构造有下列几种：板状构造、斑点构造、瘤状构造、片状构造、片麻状构造、块状构造等；

构造也是鉴别某些变质岩的重要根据，比如具有板状构造的变质岩称为板岩；具有千枚构造的变质岩称为千枚岩等。在观察时要注意对变质岩中片状矿物、柱状矿物和纤维状矿物排列方式的观察，有无定向排列，是连续的定向排列还是断续的定向排列，最后定出岩石的构造类型。

5. 其他特点

如有细脉穿插、小型褶皱、次生变化、破碎情况等。

实习区常见的变质岩主要是混合岩、片岩、片麻岩、板岩及千枚岩等。

第三节　地层的观察与描述

一、地层观察与描述的方法

地层的野外观察与描述主要采用"地层剖面测量"的手段进行研究。依据剖面测量工作条件和特色，可分为野外工作和室内整理研究两个阶段。野外工作包括剖面踏勘、剖面布置、剖面分层、观察描述、厚度丈量、标本样品的采集等工作；室内整理研究包括样品和化石鉴定，地层厚度的计算，文字资料整理，地层单位的划分，地层特征和层序的归纳总结，地层柱状图的编绘以及地层剖面总结的编写，与邻区剖面对比等工作。

二、地层的野外观察与描述

（一）地层观察描述内容

地层野外观察描述依据工作目的不同，以"层""段""组"等为单位。"层"作为基本单位进行描述。层是由岩石组合而成的地质实体，具有一定的岩性、岩性组合、生物化石、厚度、接触关系、出露地点、产出状态、展布方向、纵横变化等特征。观察描述要按一定顺序进行。即在观察描述时，要说明是按由老到新的顺序还是由新到老的顺序。地层观察描述内容主要包括以下几方面。

1. 岩石特征

1）组成地层的岩石类型与岩石组合类型

在描述岩石组合时，"夹""互"等词汇是值得采用的描述性语言。注意岩石的名称要按前述"岩石定名"所述而定。

2）岩石的特征

描述内容与前述岩石描述相同。肉眼能分辨的特征都要记录，无法辨认的则采样回室内测试。沉积构造对于石油、煤等沉积矿产成矿环境的研究是非常重要的标志，因此沉积构造特征的描述是记录的一个十分重要的内容，描述时要注意沉积构造类型、大小、分布及各种沉积要素的测量（如波痕的波长、波高、脊点流向等），并要把岩石的粒级变化和与粒级递变有关的韵律变化记录下来，以通过单个沉积构造特征的描述，进一步了解其沉积序列的特征。注意描述记录岩层单层厚度及其变化、砂体纵横形态，它们也是反映沉积环境的标志。

2. 化石特征

化石特征包括化石类别，各类化石数量（可以定量，也可以用大量、中等、少量、个别等术语描述)、化石保存情况，完整性、磨损性、分选性和保存状况，各类化石间的关系，并注意化石层与岩性及沉积构造的关系、横向变化、风化情况等。并采集化石标本、照相等。

3. 地层间接触关系

地层间接触关系包括地层接触关系类型、标志、纵横向变化。

4. 含流体矿产及固体矿产情况

流体矿产及固体矿产显示及分布特征。

5. 地层厚度

除上述内容外，对于沉积地区的地质构造特征要作简要描述，包括构造类型、规模、标志等，若造成地层重复和缺失的构造要作详细描述。对于侵入岩(岩脉)要特别注意描述侵入体的形态和接触关系。

由上可以看出，地层与岩石不同，岩石的描述内容只是地层描述内容的一部分，地层的描述内容比岩石的描述内容丰富、全面得多。

(二)地层野外描述要求与描述实例

地层描述，务必客观准确，全面详尽，同时力求文字简练、形象生动。在一条剖面中已描述过的层，再次重复出现时，可以仅描述其差异，无差异时，记录同××层亦可，观察描述一般记录于"野外地质记录本"中。剖面结束时应有文字小结。

地层一般记录顺序与描述实例如下：

剖面位置：起点：×××县×××乡×××村南 50m。终点：×××⋯⋯。剖面大致方位由×× 方向→×× 方向。

⋯⋯⋯

3层：浅褐色薄层状中细粒砂岩夹同色薄层粉砂质泥岩(层)。中细粒砂岩约 80%，单层厚 5～40cm，石英(屑)为主，大小为 0.2～0.6mm，分选性中等至好，次圆状，长石(屑)和岩屑少量，可见板状斜层理，层系厚 5～10cm，层系界面平直，细层亦平直，倾向 270°～300°，倾角 37°～47°。粉砂质泥岩，单层厚数厘米，下部居多，向上渐少，显示向上变粗变厚的层序。厚 35m，基本稳定，与下伏呈整合接触，分界清楚。产状 315°∠30°。标本（R18）：砂岩，具斜层理，采自本层上部。

……

10 层：同前述 3 层，砂岩泥岩比值为 7∶3。下部泥岩中偶见瓣鳃类化石，微碎状。厚 20m。产状 310°∠28°。

……

13 层：浅褐黄色中层细砂岩（层）夹薄层泥质粉砂岩。细砂岩 95％，单层厚 5～12cm，石英为主，少量长石，大小 0.1～0.2mm，分选好至中等，砂纹层理发育，层系 2～5cm。泥质粉砂岩少量，单层厚 1cm 左右，局部显水平层理。二岩石渐变过渡。厚 30m。产状 320°∠30°。

第四节　地质构造的野外观察与描述

一、观察描述内容

野外的地质构造现象很多，它是地质学研究的主要内容之一。地质构造在层状岩石中表现最为明显，其基本类型有：水平构造、倾斜构造、褶皱构造和断裂构造等，主要以褶皱、断裂构造为主。它们在油气等的形成、油气勘探开发以及工程地质勘测建设中具有十分重要的意义。地质构造是通过岩层的产状及变化来研究的。产状是指岩层在空间的产出状态，用走向、倾向和倾角作为产状三要素来表达。产状是野外观察构造的重要内容之一，主要用罗盘来测量，其走向和倾向用方位角表示。产状的测量方法及表达方式前面已经介绍，在此不做赘述。

其野外观察描述内容分别介绍如下。

（一）水平构造的观察与描述内容

岩层产状近于水平的构造称为水平构造。水平构造出现在构造运动影响比较轻微的地区，或大范围内整体抬升的地区，岩层未发生明显变形。水平岩层的倾角一般不超过5°，通常在沉积盆地的中心部位或其他比较稳定的沉积环境中形成的沉积岩层，其原始产状一般都是水平或近似水平的。在地层层序未发生倒转的前提下，地质时代较新的岩层总是叠置在时代较老的岩层之上，据此可判断岩层的新老关系。

(二)倾斜构造的观察与描述内容

岩层面与水平面有夹角的岩层(一般按倾角>10°划定)称为倾斜岩层或倾斜构造。倾斜构造常常组成褶曲的一翼或断层的一盘。倾斜岩层常形成单面山地貌。倾斜岩层根据顶面和底面在空间上的上下位置关系分为正常层序和倒转层序。底面在下，顶面在上，层序下老上新，称为正常层序；反之，称为倒转层序。倒转层序反映了构造运动更加强烈，由于强烈的挤压，地层倾斜、直立进而倒转。

(三)褶皱的观察与描述内容

褶皱的观察与研究能揭示一个地区地质构造的形成规律和地质发展史，对于找矿有很重要的意义。为研究褶皱的特点，褶皱的观察描述，应着重以下几点。

1. 确定褶曲的存在

在横穿地层走向时，注意地层对称重复的顺序，以确定褶曲的存在和褶曲的类型。尤其注意每条穿越褶皱路线上两翼出露地层的顺序、岩性、厚度及产状。

2. 褶曲转折部位的观察

观察其核部和两翼地层的时代及岩性、轴线点位置；观察、判断或测量轴线延伸方位、倾伏方位及倾伏角；观察转折端形态；测量两翼产状数据，最好是从一翼沿同一层面，等间距连续测定产状至另一翼，有困难时也至少要有同一层面上两翼近于等高的岩层产状；大致判定轴面倾向，其准确数值可在室内用作图法精确求得；还要观察褶曲是等厚的还是顶厚的，有无流变现象；对其上的节理进行观察和统计测量；要注意裂缝中有无油气活动的显示迹象。尤其注意褶皱转折端(核部)的岩层岩性及产状,因为转折端处的层序总是正常的,据此可以确定两翼层序是正常的还是倒转的,进而正确判断褶皱的类型与形态。

观察描述完成后,择取合适现象作素描图或照相。

(四)断层的观察与描述内容

断层是岩石受力发生的破裂,并沿着破裂面发生明显的位移。断层构造广泛发育于不同的构造环境中,其类型很多,形成机制各异,大小差别很大。

断层的观察描述内容主要包括:断层存在证据、断层产状、断层两盘运动方向、断层性质。

具体而言,一般应观察描述以下内容。

1. 断层存在证据

(1)地质界线的中断情况(构造线的不连续)。

(2)地层的重复与缺失现象。

(3)断层带特征:断层破碎带的宽度及延伸长度;破碎带内岩石(即构造岩)的特征,如构造透镜体的岩性及长轴方位。

(4)断层面特征:断层面的形态、擦痕及擦痕产状。

(5)断层的伴生与派生构造:两盘岩层的牵引现象及产状变化数据;断层附近节理、小褶皱的发育情况及统计测量数据。

2. 断层产状等其他特征

断层面的产状包括断层面的走向、倾向、倾角,这些数据在野外可以通过实测获得。断层面产状是确定断层性质的依据之一。

出露于地表的断层可以直接用罗盘测量其产状,断面比较平直、地形切割强烈且断层线出露良好的断层,可以根据断层线的"V"字形来判定断层面的产状,没有出露的断层只能用间接的方法测定其产状,隐伏断层的产状主要根据钻孔资料采用三点法求取。

除断层面产状外,还需确定断层上、下盘(或××方向盘)的地层时代、岩性及产状,可能时还应目估或测取断距(水平断距、铅直断距或地层断距之任一种）。

注意破碎带及其附近节理（裂缝）中的充填情况、特殊的地貌和植物现象……

3. 根据观测资料判定断层两盘运动方向及其力学性质

根据断层特征可以判断断层两盘动向，再依据所观察的断层面产状，就可以确定断层的性质及力学成因。

断层两盘相对运动方向可以根据两盘地层的新老关系、牵引构造、擦痕和阶步、羽状节理、断层两侧小褶皱、断层角砾岩等特征来辨别。

观察描述后，选择合适部位制作素描图和随手剖面图，或作地质摄影，并登记；需要时采集定向标本，以便回室内进一步研究用。

有时断层出露并不好，只有两三条或者一两条可以作为断层存在的可靠依据，则应先如实记录确定断层存在实际资料，然后提行记录自己的认识、设想和推测的粗略数据。

（五）节理观察描述内容

节理观察主要观察节理性质，节理发育方向，节理发育密度，节理开启、充填情况，节理发育的地层时代、岩性特征及其所处的构造部位。

二、野外记录顺序

1. 褶皱（背斜或向斜）

（1）褶曲名、褶曲发育位置和规模（在可能情况下进行描述）：褶曲名常以大的地名冠首，如万年寺向斜，牛背山倒转背斜等。

（2）核部与两翼的地层组成及发育情况。

（3）褶曲的空间形态特征：褶曲的完整程度，有无断层破坏；轴线延伸方位、倾伏方位及倾伏角；转折端形态；两翼产状；轴面倾向等。

文字描述完成后，在记录簿的绘图页绘制褶曲随手剖面图或素描图。

2. 断层

（1）断层名、断层发育位置和规模。断层名一般以地名命名，如牛背山断层、观心庵逆断层。

（2）上盘及下盘的岩石性质、地层时代、地层产状。

（3）断层面（或断层带）及其附近的特点。

①岩石破碎情况及破碎程度、宽度、固结程度等；

②有无牵引现象及其方向；

③有无构造透镜体及其形状、大小，有无劈理或节理；

④有无摩擦镜面及擦痕，擦痕的方向。

（4）断层发育处的地貌特点。

（5）断层上、下盘地质界线中断或错断特征。

（6）断层面的产状（实测或估测）：其记录方法与岩层产状相同。

（7）断层的大小、规模（包括估算或从地貌特征推测断距等）。

（8）断层的性质，发育过程及构造部位（即与附近构造的关系）。

在记录簿的绘图页绘制断层随手剖面图或素描图。

3. 节理

（1）节理发育的地理位置与构造位置。

（2）节理发育的地层时代及岩性。

（3）节理开启情况，充填物特征。

（4）节理性质。

（5）节理发育的方向及条数（可以用表格表述）。

第五节　野外岩石及化石标本的采集

野外标本（或样品）的采集是野外地质工作中不可缺少的地质资料收集步骤之一，也是重要的地质依据，并且还能对它们在室内进一步分析研究，对地层作深入的分析。因此，在野外必须注意标本（或样品）的采集。

根据采集样品的用途可分为地层标本、化石标本、岩石标本、矿石标本、沉积相标本以及专用(薄片、化学分析、同位素测定、光谱分析、构造定向等)标本等。鉴于本次实习地区的需要，在此主要介绍地层及岩石、大化石标本的采集。

一、标本采集的总体原则

(1)首先必须明确采集标本的目的。针对需要解决的地质问题来采集对应的标本，以便实现所采集样品的用途。遵从最小的工作量、最小的成本的原则，并且取得最好的实际效果(有时一个标本可作多样分析化验用)。

(2)采集的标本必须要有代表性。要求采集的标本对象要准确，数量要恰当。避免采集的标本没有用或数量不够。

(3)标本不是风化了的地层采集，而是新鲜的面采集。

二、标本的采集

(一)地层及岩石标本的采集

1. 采集规格

采集地层标本和岩石标本的目的是在室内进行更深入的研究。主要研究地层划分与对比、岩石特征和成因、形成环境以及与含矿层的关系。样品的规格应根据应用的广泛性、经济实效和测试条件来安排。标准岩石标本有一定大小、形态、数量要求：

展览和陈列用标本的大小是 3cm×6cm×9cm 或 2cm×5cm×8cm；

岩石光、薄片研究用标本大小一般为 8cm×6cm×4cm；

光谱分析样 50~200g；

粒度分析样>200g；

化学分析样 200~500g；

物性样(测比重、孔隙度、渗透率)200~300g；

差热分析样 50~150g；

稳定同位素样 20g;

黏土和小于 0.01mm 粒级的物理研究方法(电子显微镜、X 射线衍射、电子衍射)50g。

2. 采集要求

(1)各种样品必须在测量和观察剖面的同时进行,按照层位、岩性来系统地采集并标注清楚。

(2)样品必须从原生露头上采集,应该是新鲜且未风化的岩石,并且采集的样品要具有代表性。

(3)所有样品的采集地点、层位、日期和人必须记录在野外记录本中,描述相应岩性的层位。对应也必须记录在样品登记本上。

(4)对所采集样品做好编录工作,按照统一的规格填写好并贴上标签。

(5)对一些软、易脆、疏松、珍贵的标本必须进行包装,有的需要用棉花加以特别保护或采取其他保护措施。

(6)对各类用途不同的样品应分别按各种规格采集,避免混淆,同时方便将同类样品装箱和将它们送交相应专门实验室进行处理。

(7)各类样品分别装入箱中,用碎纸花或木屑、软草等填紧,将箱子捆扎结实,以免运输途中被损坏。

(二)大化石标本的采集

古生物化石的研究意义有阐明地层发育史,阐明生物发展史及其空间分布规律,进行地层划分对比,以及研究生物与环境、矿产等的关系。大化石标本的采集须注意以下几点:

(1)因各门类化石保存特点不同,鉴定要求不一,因此对每类化石的采集要求不同。但无论哪个门类的化石,采集前必须了解它们的时代分布及其与沉积环境的关系,避免在不含化石的地层中盲目寻找。

(2)采集前须对露头进行全面充分的调研后才能动手,特别要对露头上的各类化石进行详细的古生态观察、描述、素描和照相之后,方能动手采集。

(3)化石标本力求完整。

(4)剖面上的化石必须逐层、系统全面地采集,不能单凭自己的兴趣爱好和熟悉程度来随意挑选化石。

(5)采集化石后必须及时编录。不同层位、地点的标本都不能混合在一起。随地捡来的标本，需要对准了相应层位才能使用。

(6)所采化石应由采集者亲自装箱。装箱时把坚硬标本放下面，易碎标本放上面。每层标本之间要用草纸、软纸或棉花隔开。尽量箱内不留空隙，以免损坏。

第六节　野外地质信息采集方法

野外地质信息采集方法主要包含野外图件绘制方法和地质现象摄影。野外地质现象最直接的表现形式包括：野外绘制的信手(随手)剖面图、地质素描图以及地质现象的摄影图片。它们能直观反映野外真实的现象，能提供真实的野外第一手资料。

一、信手(随手)剖面图的绘制

根据野外进行的地质剖面路线观察或进行地质构造路线观察，可增加野外记录的直观性，弥补文字记录的不足，因此常常需要绘制信手剖面图(或称随手剖面图)(图4-4)。信手剖面图是一种综合图件，其内容很简洁丰富，能

X县XX乡西山—五峰山路线地质信手剖面图

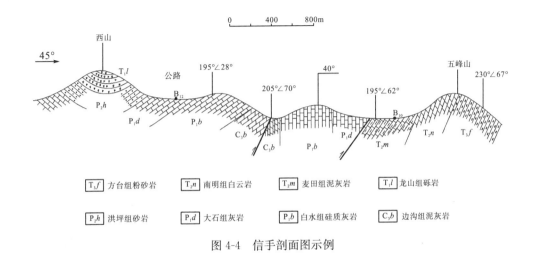

图4-4　信手剖面图示例

够生动地反映某一剖面上的各种地质现象。信手剖面图是一种示意图，厚度等定量数据，主要依据的是目测而不是实测，对应的精度也不高（但各种地质现象的相对位置要求要准确），因此能较快完成，所以它获得广泛应用。

绘制信手剖面图是地质工作中一项重要的基本技能，它能将地形等特征都反映出来。虽然非实测，但地层之间的关系、构造形态明了、直观，对野外地质现象的分析研究很有帮助。信手剖面图制作过程如下。

1. 剖面线方位和图名

确定剖面线（基线）方位，一般要求应尽量与地层走向线或地质构造线垂直。

一般要包含地点和图件等，例如××县××乡××村侏罗系信手剖面图；××县××乡小河沟至太阳山路线信手剖面图。图名写在图上方的正中央。

2. 比例尺的确定与标注

一般把比例尺写在图名之下正中处或将线条比例尺绘制在图名之下正中处，但有时可以根据图幅的美观和平衡等具体需要将其放在其他合适位置。比例尺的大小依观察精细程度、路线长短及地质现象的繁简程度而确定，例如 1∶5000 或 1∶10000 等。

3. 地形线的绘制和地貌地名的标注

根据剖面或路线的起伏情况绘制地形图。距离用目估或脚步丈量的方式，坡度或高差用目测或罗盘来确定，也可以从地形图上读取。当比例尺很小或用概略表示时，地形线可简化为一条斜的或水平的直线。重要的地貌（公路、河流、树木或独立房屋）地名应注记在相应地形图的位置上（注意不要以路线两侧的山峰起伏线作地形线）。按照选取的剖面方位和比例尺勾绘地形轮廓（地形线），可根据地形图上等高线和剖面线的交点分别按高程及水平距离投影到方格纸（野外记录簿的左页）上，然后把各相邻点按地形实际情况连接起来，即成地形线（地形剖面线）。

4. 剖面方向的确定与标注

信手剖面的方向可选择地层的倾向或选择路线的平均方向。剖面方向的具体数值用罗盘测量，并标记在剖面图的端部。在精度较高或线路转折较大时，可分段测量剖面方向，分段标注表示。

5. 填绘地质内容

首先在地形线的相应位置标明地层分界点、断层出露点、侵入岩与围岩的分界点，其次根据地层产状、断层产状和侵入岩与围岩接触界线产状（倾向与倾角）绘分界线于地形线的下方，这些界线的延伸方向要与实际和理论情况相符合，其长度一般 2.5cm 左右。图中要标记清楚地层层号、地层时代代号、岩体代号、断层两盘相对运动方向、样品采集位置及编号、化石产出层位、产状测量位置及数值。信手剖面图内容极丰富，标记时，注意相互避让不重叠，以保持图面清晰。

6. 图面整饰

绘出相应岩性花纹，标注产状，附上图例。

7. 注意事项

（1）将各项地质内容按要求所划分的单位及产状用量角器量出，投在地形剖面线（地形线）上的相应位置点（即地质界线与地形线的交点）。画地质界线的产状必须用量角器测。习惯性将剖面东端（含北东和南东）放在图的右侧，西端（含北西和南西）放在图的左侧。

（2）地层分界线长度一般为 2.5cm 左右。注意不要将其倾向画反了，其倾角一般只可等于或小于岩层倾角。

（3）一般岩性花纹线的方向与地层分界线平行。花纹线长度一般为 2cm 左右，不可太长。

（4）标志层、断层、地层分界线等重要界线可略粗点，以示醒目。

（5）标出图名、图例、比例尺、剖面方位及剖面上主要地名、地物名称、岩层产状。

图件要求图面正确、结构合理、线条均匀、清晰、整洁美观等。作图时一般用铅笔绘制，对野外记录簿进行整理时，再进行上墨整饰。

二、野外地质现象素描

素描，简而言之就是用单色线条在平面上表现立体物像的方法。地质素描是从地质观点出发，运用透视原理和绘画技巧，在较短的时间里，用简单的工具(罗盘、铅笔)和简单的线条或地质专用符号来表现地质现象的方法。因此，地质素描是一种形象、生动的地质成果。

按照透视原理，实物影像反映在画面上有以下几点规律(图4-5)：

(1)等大物体，近者大，远者小，最远消失于视平线上。

(2)等长距离，近者长，远者短，最远成一点与地平线重合。

(3)等高的物体，在视平线(近似于地平线)以上部分越远越低，越近越高，并向视平线接近；视平线以下部分越近越低，越远越高，也向视平线接近。

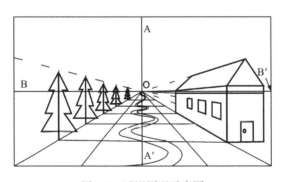

图4-5　透视原理示意图

(4)视中线左侧的物体，渐远渐偏向右方，右侧反之，最远时，二者均向灭点集中。

透视法的上述规律，使画面上的物体给人以高低、远近、大小和形状等的立体感。

地质素描图可根据绘画对象和要求分为细描、速描和简略素描。

素描图由各种线条构成，线条依功能不同分为：轮廓线和阴影线。轮廓线是控制物体外形的线。可用直而硬的轮廓线表示由灰岩组成的山，也可用曲而柔的轮廓线表示页岩组成的山。

　　阴影线一般采用"点""直线""曲线"。应用时要考虑岩性，尽量用岩性符号作阴影线条。一般砂岩用"点"，页岩用"直线"，灰岩则用直交而不相截的线条表示。

　　地质素描图的绘制可以参考以下步骤进行：

　　(1)选择素描对象，确定范围，选定素描位置和方位。

　　(2)在画纸上大致勾画出图框，通过图框中心点画一条水平线和垂直线（即视平线和视中线）。

　　(3)用硬纸和塑料板挖成取景框取样（可用两手拇指和食指，形成"八"字形(图4-6)，将主要素描对象置于取景框的中心部位，大体控制住各素描物的大小、位置，直至框中景物全部位置适中为止。

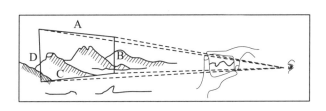

图 4-6　图示手框取景

　　(4)在固定的几何图案的基础上，勾绘出轮廓线图。勾绘时，要抓住表现物体外形的主要线条，并按先近后远、先主后次的顺序进行。由于远处物象的色调和轮廓清晰程度要明显减弱，因此在画面上远处物体要画得轻描淡写、隐隐约约，轮廓线也要画得断断续续，近物与远景的轮廓交口处留出适当的空白。

　　(5)在物景背光部分加阴影线，刻画细部。受光部分不应画任何表示阴影的点和线。

　　(6)现场校正、补充与修改。

　　(7)标上各种标注，如图名、素描方位、比例尺、地层代号、测量数据及素描地点。

　　(8)室内整理着墨。

　　在地质素描中一定要突出要表达的地质现象，所反映的地质现象的各种地质要素要清楚、齐全、准确地表达出来，绝不能只求美观、漂亮，而冲淡了地质主题。

用素描图表达的地质现象通常有地层的接触关系、古生物化石、沉积构造、褶皱构造、断裂构造、地貌等。

三、地质现象摄影

地质摄影，即照相，是地质工作中常用的一个方法，它能如实准确地记录各种地质现象，而且快速、高效。随着数码相机的普及，野外地质照相变得方便、快捷、成本低，因此被广泛用于野外地质现象的拍摄。

地质摄影一般分为两个类型：一是远景，如实测剖面的全貌摄影、大范围的地质地貌景象摄影；二是近景，如某一沉积构造特征、某一化石保存状况、小范围的地质现象等。

照远景，要保证曝光量的前提下，让光圈尽可能大些。一般可选用通透条件好的高处，取俯角用半侧光，利用广角镜。若景物长度过大，可在一固定位置转动方向，分段连续拍摄，但要选择接图标志，以利拼图。

照近景时，要在保证曝光量的前提下，让光圈尽可能小些，速度适当快些，用顺光，并适当地加大曝光度。关于取景方法和要求可以参照地质素描图，所不同的是照近景时需要用比例尺，可用地质锤、钢卷尺、罗盘、铅笔等做比例尺，需要指方向的线性比例物体一般指北端。为了更好表现地质现象的立体感，尽可能地采用侧面拍摄、高角度拍摄、侧光拍摄和短景深。

照片拍摄完后，要立即填写野外照相登记表，并在野外记录本上登记照相编号。

第七节　地质剖面观察点野外记录格式

野外记录工作是地质工作者在进行野外工作时，对观察到的地质现象进行记录的工作。这是地质研究工作开始的第一手资料，也是地质工作最基础的资料，具有长期的保存价值。因此，不能按照个人习惯随意行事，需要根据规范的记录格式来记录。

一、野外记录格式

野外记录需要用专门的野外记录簿来记录。记录方式分文字和图件照片两大部分。

野外记录本的使用方式：右面有横格页是文字记录部分，左面有格子的页为绘图页。格子页上的格子长宽有度量尺的作用。

二、野外记录要求

(1)文字记录必须在野外完成，不能在室内单凭记忆或想象完成。记录内容应是自己观察到的现象，不可抄袭别人的资料作为自己的资料。

(2)对重要地质现象或首次观察到的现象要详细记录，表达其特征；对一般或多次见到的地质现象描述可简略一些，重点记录其出现的特殊性或变化情况。作野外路线观察时，对重要的地质现象要进行地质摄影。

(3)记录内容要真实可信、详细、客观，对所需地质资料全面、准确地记录。在野外地质记录中，除文字描述外，还必须绘制路线地质剖面图和各种地质素描图，使记录内容丰富多彩，图文并茂，相互印证。

(4)记录中要格式正确、条理清楚、术语准确、字迹清楚。

(5)野外地质记录一律用铅笔，以免受天气影响和无法长期保存。

(6)记录过程中记录出错时可用铅笔划掉重写，不能用橡皮擦掉重写。

(7)记录本只记录地质内容，不能记录其他内容，并且回来当天补写完整和检查。

(8)记录本用完后，应妥善保管，不能遗失。

野外地质记录的质量直接关系到室内地质工作的质量，也反映了工作者的态度和地质专业知识水平等。因此在野外记录中要认真观察和记录。

三、实测地层剖面野外记录本记录格式及内容

观测点多设在岩层出露好的地方，常常有许多地质内容，如岩石、古生

物、地层和构造等，记录时应该分门别类，依次将观察到的地质信息详尽反映在笔记当中。

野外记录格式如图 4-7 所示。

文字记录格式如下：

2014 年 7 月 3 日　星期五　天气　晴　地点：巢湖小午岭—狮子口

工作内容：实测志留纪地层剖面，剖面代号（Ⅰ—Ⅰ′）。

目的任务：查明小午岭—狮子口一带志留系层序特征、各地层单位的岩性特点、顶底及分界标志，尽量收集沉积构造等岩相标志。查明其各种构造形迹的构造样式、地质构造特征。尽可能收集化石和矿产信息。采集必要的标本及测试样品。

人员及分工：王某（分层）；张某（前测手）；高某（后测手）；谢某（标本及样品）；李某（产状）；刘某（记录表格）；钱某（记录本记录及信手剖面图绘制）。

剖面名称：巢湖市小午岭－狮子口志留系实测地质剖面。

剖面位置：起点：大地坐标：Y：X：经纬度：N：E：（小午岭分水岭处）。

终点：Y：X：N：E：（狮子口西侧山坡）。

导线总方位：175°。

点号：D001。

点位：大地坐标：Y：X：经纬度：N：E：（小午岭分水岭处）。

点性：路线起点岩性描述点：

描述：点上及其周围均为下志留统高家边组（S_1g）黑色粉砂质页岩。

产状：170°∠31°。

0－1 导线　导线方位（ω）＝170°，斜距（L）＝100m ；坡度角（β）＝－10°。

分层号 1）0~20m：黑色粉砂质页岩。深灰—黑色，岩石较软，可以用指甲刻划，成分以泥质为主，断面有粗糙感，用手碾其粉末有颗粒感觉，页理发育。应为高家边组底部。此层构成一背斜构造的核部，向下未出露。见有笔石化石碎片。

产状：170°∠31°（5m）。

分层号 2）20~88m：黄绿色泥质粉砂岩。黄绿色，岩石较软可用指甲刻划，成分以粉砂质为主，断面有颗粒感觉，用放大镜观察隐约可见细小石英颗粒，用手碾磨其碎末颗粒感明显。岩石中可见一些虫管等生物扰动构造。

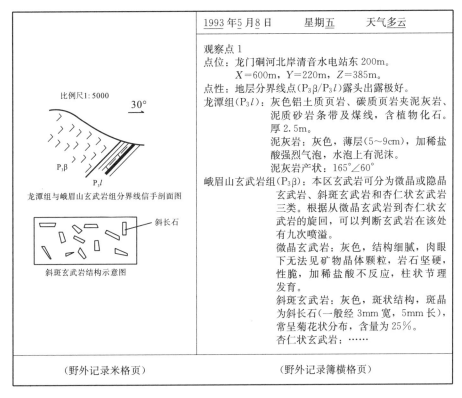

图 4-7　野外记录格式示意图

点号：D002

点位：大地坐标：X：$xx°$，Y：$xx°$；经纬度：N：$xx°$，E：$xx°$：（小午岭 D001 点南 1480m 处公路边，15~16 导线 25m 处）

点性：地层分界点：

描述：点北：下志留统高家边组(S_1g)灰黄色—土黄色泥质粉砂岩

产状：$175°∠30°$

描述：下志留统坟头组(S_1g)灰黄色中细粒石英长石砂岩：灰黄色，中厚层状，主要碎屑成分为长石(60%)，石英(39.5%)，以及少量白云母片和磁铁矿。粒度 0.5mm 左右，分选磨园较好，岩石比较坚硬。可见中型板状交错层理。底部见有少量小石英砾石。与下伏的下志留统高家边组(S_1g)灰黄色—土黄色泥质粉砂岩应为整合关系，两者之间没有见到底砾岩、剥蚀面等不整合迹象，也未见到岩石破碎、挤压等断裂的痕迹。所以应为整合连续的沉积。

产状：$173°∠30°$

G 剖面线的起、终点位置，剖面观测点，重要的岩层产状要素及地质界线等，都应准确地标定在地形图或航空相片上。定点的方法可以采用 GPS 定位，辅以地形矫正的方法。一般采用大地坐标和经纬度双重标定的方法记录其位置。在记录表中可以记在备注的栏目中。记录本上以定点的记录格式记录。

第二天的实习记录要从新的一页开始。

第五章 室内图件的绘制与
地质实习报告的编写

野外工作完成后，需要及时进行室内的资料整理与研究工作。室内资料整理与研究，是对野外工作的梳理与细化分析研究过程，会对野外工作进行二次分析纠正和二次整理，例如包括岩石、化石样品分析、鉴定、综合图件的绘制和各种成果资料的全面、系统整理及分析研究。

野外地质记录除了详尽的文字记录外，还需要有图示的辅助和表示，图式会有更确切直观的表达。可以通过素描、照相、摄像等手段进行图示的表示，这也是地质工作的特殊性。图示的表示范围，可大可小，小至一个化石的纹路，大致一整块区域的构造表示，都可以用图示的方式生动地表示出来。

根据工区实习需要，在此针对室内工作中所需绘制的地层柱状剖面图、沉积相剖面图的绘制方法以及实习报告的编写进行简单介绍。

第一节 地层柱状图的绘制

地层柱状(剖面)图是地质工作中的最基础图件之一。它是将一个地区的全部地层按其时代顺序、接触关系及各层位的厚度大小编制，并按比例缩小所绘成的剖面图件。图件反映的内容主要有：图区所出露的地层及其层序、各地层的厚度、地层的接触关系、岩性、古生物以及矿产等情况。图区内容也可以实际根据需要添加或减少、合并内容。

通常在编织地层柱状图时，除按格式编排内容外，还需要设计各项内容的显示规格(图 5-1)，图中岩性与化石描述项的宽度可以根据图纸和内容作适当调整加大。

地层柱状图的编制步骤和方法如下：

第一步：按规定的图示规格分配的宽度、地层总厚度画好柱状图框架。

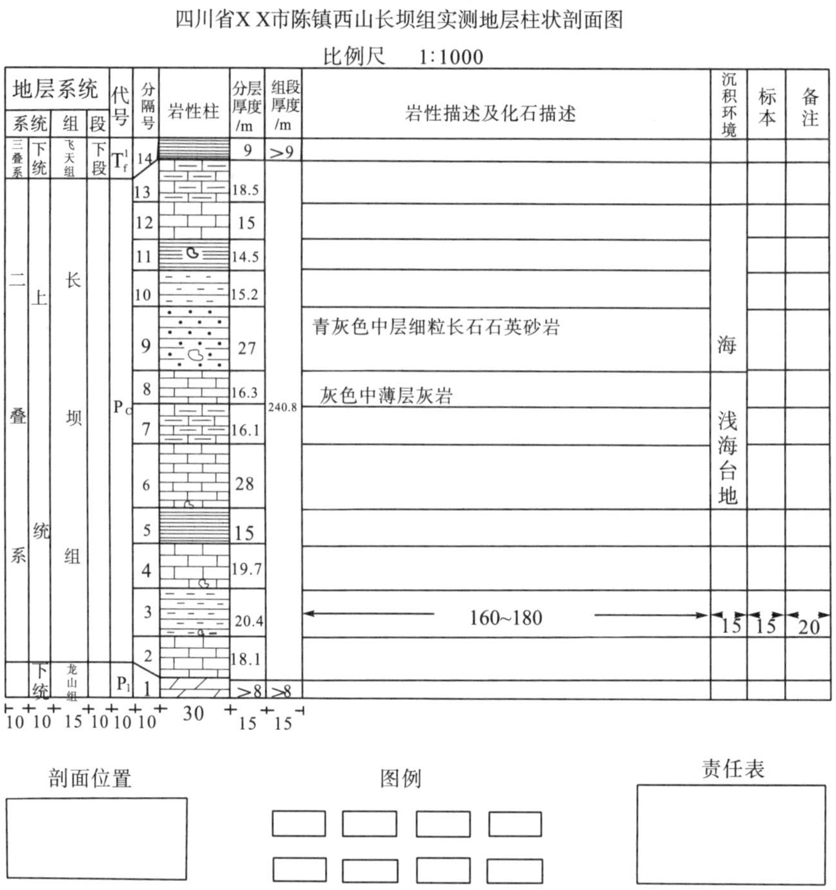

四川省ＸＸ市陈镇西山长坝组实测地层柱状剖面图

比例尺　　　1:1000

地层系统			代号	分隔号	岩性柱	分层厚度/m	组段厚度/m	岩性描述及化石描述	沉积环境	标本	备注
系统	组	段									
三叠系	飞天组	下段	T₁f	14		9	>9				
下统				13		18.5					
				12		15					
				11		14.5					
二叠系	长坝组		P₂c	10		15.2			海		
上统				9		27		青灰色中层细粒长石石英砂岩			
				8		16.3	240.8	灰色中薄层灰岩			
				7		16.1			浅海台地		
				6		28					
				5		15					
				4		19.7					
				3		20.4		←——— 160~180 ———→	↕	15 15	20
				2		18.1					
下统	龙山组		P₁	1		>8	>8				

(分隔号栏下方标注: 10 10 15 10 10 | 30 | 15 15)

剖面位置　　　　　　　　图例　　　　　　　　责任表

图 5-1　地层柱状（剖面）图图示规格示例

注：1. 各栏目宽度单位为 mm。2. 备注栏可说明基本层序类型。3. 岩性描述字长 4mm，层号字长 3mm；厚度字长 3mm；标本代号长 3mm，编号长 2mm。

第二步：根据各组、各段、各层厚度，按自下而上由老至新的地层顺序，依比例计算出所需柱状图各栏。分界线应注意按照地层接触关系类型用规定的符号绘制。在分配绘制各层厚度时，用累计厚度和总厚度控制，以免产生误差。

第三步：将各层岩性花纹逐层填绘在柱状图栏。绘制重要的标志层、矿层可适当夸大表示。

第四步：按分层、组段进行文字描述以及填绘图中其他内容。化石及岩石样品应标注在所采层位的相应位置上。

第五步：图件的整饰，包括写上图名、比例尺，绘出剖面位置图、图例、责任表。

注意图例的放置顺序(由上至下，由左到右)依次是：

(1)岩石(粗屑、细屑、化学岩、岩浆岩、变质岩)；

(2)地层(由新到老、接触关系)；

(3)化石、沉积构造等。

第二节　单剖面沉积相综合柱状图及沉积相序图的绘制

单剖面沉积相综合柱状图或沉积相序图是剖面相分析成果报告的必备图件，是资料汇总、进行对比分析的有效途径，具有表达清晰，特征齐备，对比直观的特征。单剖面相分析的全部成果都可由柱状图体现。

单剖面沉积相综合柱状图及沉积相序图的基本格式和内容，如图 5-2 所示。

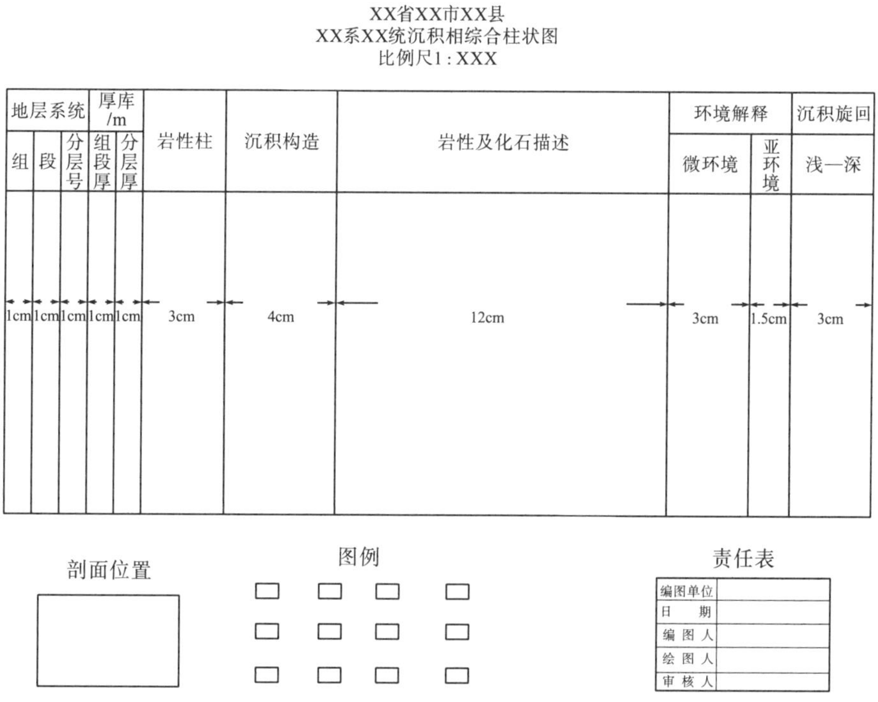

图 5-2　沉积相综合柱状图图示规格

将沉积相柱状图与地层柱状图相比，前者强调的是沉积构造及其他相标志、环境解释、沉积旋回等几项，而后者强调的是地层接触关系、地层的岩性、化石等特征；前者岩性柱的右侧是按各岩石中颗粒粒度大小不同而宽度不同(表5-1、表5-2)绘制的，呈波浪状或锯齿状，后者为宽度一致的直线。但在一些行业中，地层柱状图的岩性柱的右侧也是按岩石中颗粒粒度不同而宽窄不同表示，可根据具体目的需求，做所需图件。

表 5-1　岩性柱中松散堆积物横坐标宽度规格

表土腐殖土 填筑土	黏土	粉砂	粉砂质砂	砂	砾石、卵石堆积 物化学沉积
30mm	10mm	15mm	20mm	25mm	30mm

表 5-2　岩性柱中岩石横坐标宽度规格

泥岩页岩	粉砂质 泥岩	泥质粉 砂岩	粉砂岩	砂岩	砾岩	岩浆岩 变质岩	硅质岩	石灰岩 白云岩	燧石层 盐层
5mm	10mm	15mm	20mm	25mm	30mm	30mm	30mm	30mm	30mm

实际绘制中，常在综合柱状图上以地层结构特征(颗粒分布、胶结类型等)、生物种属、微量元素含量、古海平面变化、测井曲线等项目建立栏目。

相序图与沉积相综合柱状图无本质上的差别，只是相序图表示的是一个具体的剖面的沉积相纵向变化图件。相序图简单明了，特点突出，易绘制，因此应用更广更普遍，特别是在一些辅助性质的观察剖面中应用更多，在野外工作中也常绘制这种图(图5-3)。

沉积相综合柱状图、沉积相序图编制步骤和方法与地层柱状图相同，在此不叙述。

在绘制各沉积相综合柱状图及相序图时，须遵循：

(1)从下而上：地层由老到新，下部层号小，上部层号大；

(2)必须按规定的比例尺和各层的厚度绘制，并保证地层总厚度准确化，因此在绘制分层界线时，应按累计厚度画，并使误差均匀分布在各个小层上，避免出现总厚度的误差；

(3)岩性柱的横坐标按岩石颗粒的粗细确定宽窄。粗粒者宽，细粒者窄。因此，它直观地体现了相序的变化。

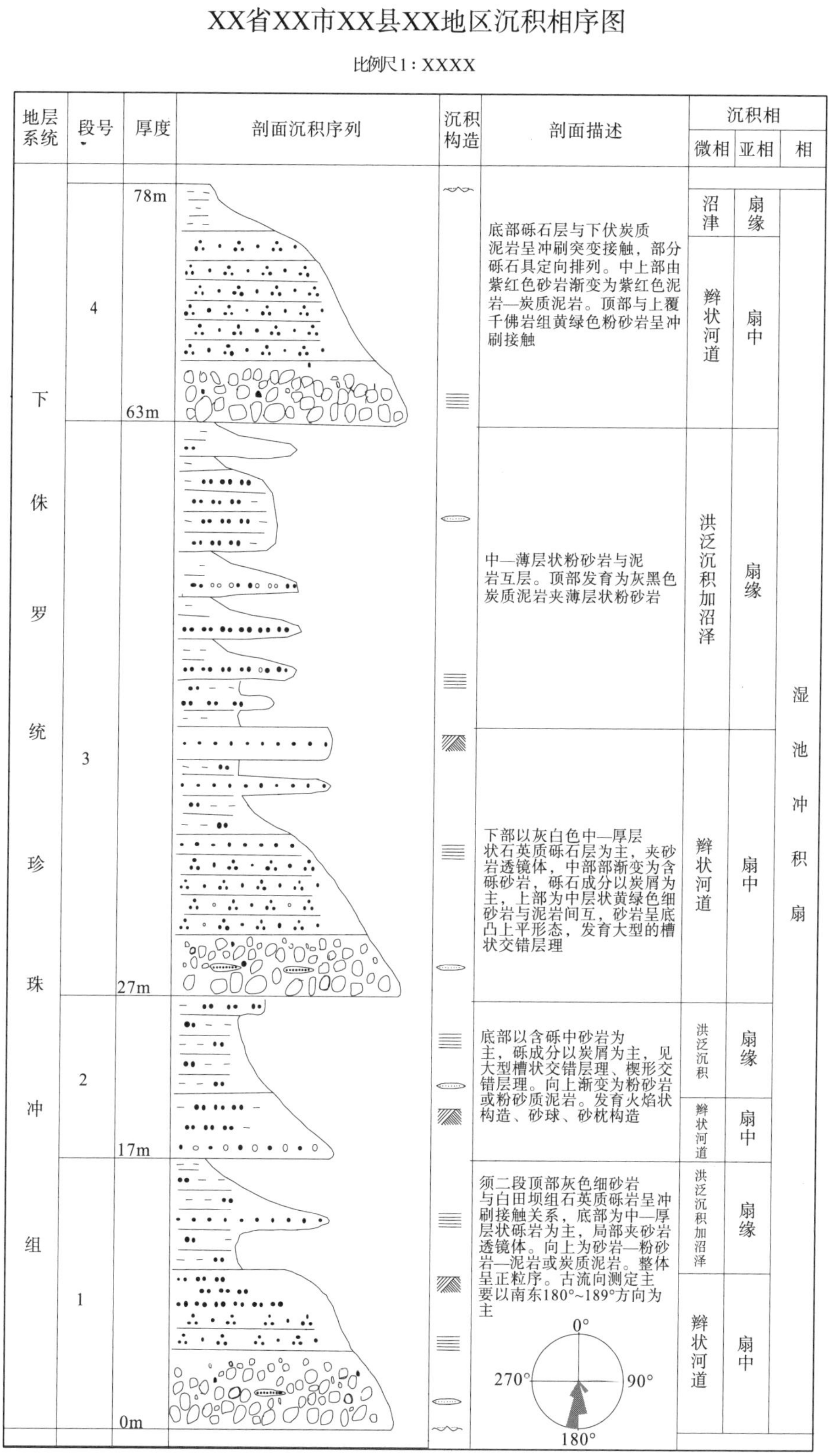
XX省XX市XX县XX地区沉积相序图
比例尺1：XXXX
地层系统
段号
厚度
剖面沉积序列
沉积构造
剖面描述
沉积相
微相
亚相
相
下侏罗统珍珠冲组
4
3
2
1
78m
63m
27m
17m
0m
底部砾石层与下伏炭质泥岩呈冲刷突变接触，部分砾石具定向排列。中上部由紫红色砂岩渐变为紫红色泥岩—炭质泥岩。顶部与上覆千佛岩组黄绿色粉砂岩呈冲刷接触
中—薄层状粉砂岩与泥岩互层。顶部发育为灰黑色炭质泥岩夹薄层状粉砂岩
下部以灰白色中—厚层状石英质砾石层为主，夹砂岩透镜体，中部部渐变为含砾砂岩，砾石成分以炭屑为主，上部为中层状黄绿色细砂岩与泥岩间互，砂岩呈底凸上平形态，发育大型的槽状交错层理
底部以含砾中砂岩为主，砾成分以炭屑为主，见大型槽状交错层理、楔形交错层理。向上渐变为粉砂岩或粉砂质泥岩。发育火焰状构造、砂球、砂枕构造
须二段顶部灰色细砂岩与白田坝组石英质砾岩呈冲刷接触关系，底部为中—厚层状砾岩为主，局部夹砂岩透镜体。向上为砂岩—粉砂岩—泥岩或炭质泥岩。整体呈正粒序。古流向测定主要以南东180°~189°方向为主
0°
90°
180°
270°
沼津
扇缘
辫状河道
扇中
洪泛沉积加沼泽
扇缘
辫状河道
扇中
洪泛沉积
扇缘
辫状河道
扇中
洪泛沉积加沼泽
扇缘
辫状河道
扇中
湿池冲积扇

图 5-3　沉积相序图示例

第三节　地质实习报告的编写

地质实习报告是野外地质实习工作结束之后，根据野外观察、描述与测量内容的整理和分析，以文字和图表的形式对实习内容进行的总结与归纳，是地质实习结束后野外与室内各种工作后的最终成果，也是地质实习工作的重要组成部分。地质实习报告是评价学生野外实习效果的重要手段和依据，是培养学生分析和解决地质问题、提高和强化地质思维的重要过程，要求学生必须独立完成，不能抄袭课本或者他人实习报告。

地质实习报告是对整个实习过程、地质工作方法和地质认识的总结，总的要求是，在充分掌握前人已有研究进展的基础上，以野外观察、描述和测量的地质素材或数据（来自野外记录）为主要依据，参考有关的教材和书籍的理论内容，通过自己的组织加工编写而成，报告问题要求立论准确、资料翔实、条理清晰、主次分明、图文并茂、叙述简练、要素齐全。报告全文字数控制在 10000 字左右，最终打印或者眷写并装订成册上交。

一份完整的地质实习报告主要由封面、目录、正文、收获及体会、参考文献等组成。根据工作的重点和目的的差别，报告的正文内容也有所侧重，其正文的基本内容包括下述几部分。

第一部分　前言（绪论）

主要介绍本次实习的基本情况，包括实习区基本情况和实习的基本情况

（1）实习区的地理位置、行政区划、道路交通（附交通位置图）。

（2）实习区自然地理、工农业及经济状况，包括地形、地貌、河流、气候等情况，以及工业、农业及经济发展情况。

（3）本次实习的目的、任务、内容及要求；实习人员的组成及实习时间安排等；完成的工作量及工作成果。

第二部分　岩石

叙述实习区发育的主要岩石类型，详细描述三大类岩体成分、结构、构造、产状、成因及时代、规模、构造部位及含矿情况等（附剖面图、素描图或照片），可按照沉积岩、岩浆岩、变质岩的顺序分别叙述。

第三部分 地层

叙述实习区出露的地层层序、时代、接触关系、厚度、产状及出露分布情况。按地层时代由老至新或从新到老依次叙述各个时代地层，对其分布及发育概况、岩性及其岩石组合、所含化石情况、地层接触关系及厚度(附随手剖面图、素描图或照片等)特征进行描述。

第四部分 地质构造

先概述实习地区所在的区域构造位置、总的地质构造特征，然后分别叙述实习区各个褶皱和断裂特征。

褶皱构造的描述内容包括：褶皱的位置、名称、范围、规模和延伸；组成褶皱核部地层时代及两翼地层时代；核部地层及两翼地层特征；褶皱轴的延伸方向；描述褶皱纵、横剖面的形态特征等(附素描图、剖面图)；最后确定褶皱的类型、形成机制及形成时间。

断层构造的描述内容包括：断层位置、名称、规模、延伸；上下盘地层时代；断层的产状及形态变化、断距；断层面(带)的特征如擦痕、断层泥、阶步、断层角砾、断层崖、牵引现象等；褶皱与断层在空间上的分布特点及相互关系。

节理构造的主要描述内容：节理发育的地层时代、岩性、部位；节理面的产状、几何形态特征；节理的发育长度、宽度、密度、充填程度、充填物特征等；节理的组系及相互交切关系，节理的类型、期次及发育先后次序；节理的形成机理及发育时间；节理与工程稳定性的关系。

第五部分 沉积相

先概述实习区所在的区域沉积背景，再介绍实习观察到的典型地层沉积特征，针对所观察的沉积相剖面，按照时代由老到新或者由底部到顶部的顺序依次描述其岩性、岩性组合、古生物化石、沉积构造，岩性变化规律及趋势，判断可能的沉积环境，最后总结出剖面微环境或海平面垂向变化情况(附沉积相相序图或沉积相综合柱状图)。

第六部分 外动力地质作用

(1)风化作用。概要介绍风化作用的类型、方式、产物及特征等，描述实习区风化作用发育的总体程度及状况，介绍典型风化作用发育的范围、发育规模、形态特征、风化产物特征，探讨其影响因素及演化趋势等。

(2)河流地质作用。概要介绍河流侵蚀作用、搬运作用及沉积作用的类型与特征，描述实习区河流地质作用的发育特征，介绍典型河流地质作用发育的位置、形态、沉积物特征等，探讨其河流演化历史及影响因素等。

(3)岩溶作用。概要介绍地表水与地下水共同影响下的岩溶作用类型及特征，描述实习区岩溶地质作用的部位、规模、形态及发育特征等，分析岩溶作用的影响因素。

(4)重力(负荷)地质作用。重力(负荷)地质作用主要包括滑坡、崩塌、泥石流等，主要描述三类地质作用的发育部位、范围、规模、要素及危害性等，描述其各自的发育条件、影响其发育的因素；分析其对工程建设、岩体稳定性的影响及防治措施等。

(5)内动力地质作用与外动力地质作用的相互关系。辩证地分析内动力地质作用与外动力地质作用的相互影响、相互制约的关系。

第七部分　专题研究

若有条件，还可在报告中单独按照专题的方式写成小论文，主要结合某一典型的地质现象，有针对性地开展系统的资料收集、野外观察描述，深入分析并提出自己的见解。以河流地质作用研究为例，在进行专题研究时，从河流上游开始顺流而下观察，描述河流在不同部位的坡度、流速变化，河床沉积物的粒度、磨圆、分选及堆积特征，河流凹岸与凸岸侵蚀与堆积作用的发育程度，河床宽度变化与基岩岩性、河道位置、构造及风化作用的关系等。

第八部分　地质发展史简述

根据地层的层序、岩性特征、接触关系、构造变动情况、岩浆活动特征等说明本区地质历程中经历了哪些构造运动阶段，每个阶段有哪些事件和特征。具体描述中应按由老到新的时间顺序依次描述并可附发展史简图。

第九部分　收获及体会

概括性地对整个实习成果、收获及体会等进行全面评价，对实习中的一些地质现象提出自己的见解和认识，甚至可以对某些地质问题提出质疑，提出实习过程中的不足和遗憾，对教学方法及教学内容提出建议；最后应对有关单位和工作人员致谢等。

参考文献

实习报告正文之后，一般都要有参考文献，包括在实习报告书写过程中参考的教材、专著及学术论文等，参考文献的格式要按相关的规范要求写。

报告中文字要工整，图件要美观。报告要有封面。封面上要有题目，编写人专业、班级、姓名、写作日期等。

参 考 文 献

陈晓慧. 2009. 峨眉山地区地质实习与考察指南. 北京：石油工业出版社.

邓江红. 2013. 峨眉山地质认识实习教程. 北京：地质出版社.

冯增昭. 1992. 沉积岩石学(上下册). 北京：石油工业出版社.

国家发展与改革委员会. 2004. 中华人民共和国石油天然气行业标准：石油天然气地质编图规范及图示.

胡明，廖太平. 2007. 构造地质学. 北京：石油工业出版社.

胡明. 2008. 重庆天府地区地质考察指南. 北京：石油工业出版社.

井向辉. 2009. 米仓山、大巴山深部结构构造研究. 西安：西北大学博士学位论文.

刘宝珺等. 1985. 岩相古地理基础和工作方法. 北京：地质出版社. P83−92.

柳成志. 2006. 北戴河地区地质实习指导书. 北京：石油工业出版社.

陆廷清，陈晓慧，胡明. 2009. 地质学基础. 北京：石油工业出版社.

钱建平，余勇，胡云沪. 2008. 基础地质学实习教程. 北京：冶金工业出版社.

全国地层委员会. 2002. 中国区域年代地层(地质年代)表说明书. 北京：地质出版社.

石玉章，杨文杰，钱峥. 2006. 地质学基础. 北京：中国石油大学出版社.

四川省地质矿产局. 1991. 四川省区域地质志. 中华人民共和国地质矿产部地质专报，一、区域地质，第23号. 北
    京：地质出版社.

吴磊，钱俊锋，肖安成，沈中延，王亮，魏国齐，张林. 2011. 扬子地块西侧米仓山基底卷入式冲断带的结构分析.
    岩石学报，(03).

杨逢清，胡昌铭，张克信1990. 沉积地层工作指南. 北京：中国地质大学出版社.

赵澄林，朱筱敏. 2001. 沉积岩石学(第三版). 北京：石油工业出版社.

中国科学技术协会，中国地质学会. 2007. 地质学学科发展报告. 北京：中国科学技术出版社，2006−2007.

附　　录

一、常用堆积物及岩石花纹图例

松散堆积物

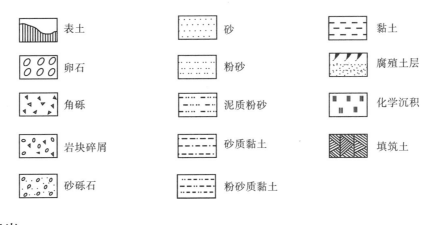

	表土		砂		黏土
卵石		粉砂		腐殖土层
角砾		泥质粉砂		化学沉积
岩块碎屑		砂质黏土		填筑土
砂砾石		粉砂质黏土		

沉积岩

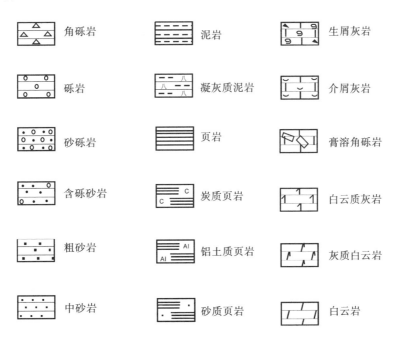

	角砾岩		泥岩		生屑灰岩
砾岩		凝灰质泥岩		介屑灰岩
砂砾岩		页岩		膏溶角砾岩
含砾砂岩		炭质页岩		白云质灰岩
粗砂岩		铝土质页岩		灰质白云岩
中砂岩		砂质页岩		白云岩

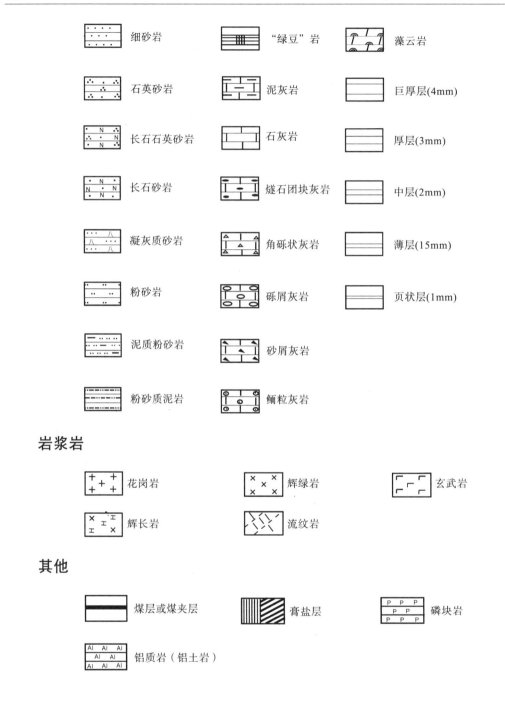

细砂岩	"绿豆"岩	藻云岩
石英砂岩	泥灰岩	巨厚层(4mm)
长石石英砂岩	石灰岩	厚层(3mm)
长石砂岩	燧石团块灰岩	中层(2mm)
凝灰质砂岩	角砾状灰岩	薄层(15mm)
粉砂岩	砾屑灰岩	页状层(1mm)
泥质粉砂岩	砂屑灰岩	
粉砂质泥岩	鲕粒灰岩	

岩浆岩

花岗岩	辉绿岩	玄武岩
辉长岩	流纹岩	

其他

煤层或煤夹层	膏盐层	磷块岩
铝质岩（铝土岩）		

二、常见沉积构造与化石图例

水平层理	工具模	孤立波痕
沙波层理	壶模	尖顶圆谷波痕

爬升层理	火焰构造	双峰波痕
板状层理	干裂	削顶波痕
槽状层理	泥板、泥蓬	皱痕
平行层理	垂直虫孔	干涉波痕
正粒序层理	斜虫孔	残余波痕及水位痕
双向流层理	水平虫孔	侵蚀波痕
单向流层理	生物扰动	植物根
丘状（洼状）层理	虫迹	植物片
青鱼骨刺层理	泄水构造	腕足动物
泥披盖层	叠层石	海星
脉状层理	藻柱头	腹足
波状层理	藻丘	头足
透镜状层理	介壳层	蜓
再作用面	结核	有孔虫
变形层理	石膏假晶	单体珊瑚

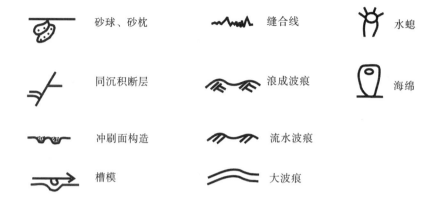

三、其他地质符号图例

1. 平面地质图

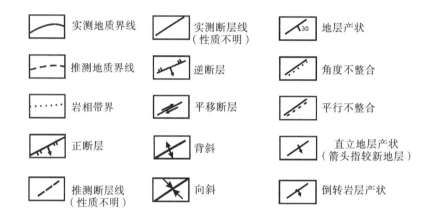

2. 剖面地质图

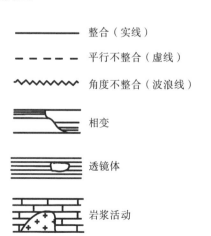

3. 其他

○¹¹ 观测点及编号	⊕ 植物化石采集地	下降泉
动物化石采集地	上升泉	